KB179006

톰슨이 들려주는 줄기세포 이야기

톰슨이 들려주는 줄기세포 이야기

ⓒ 황신영, 2010

초 판 1쇄 발행일 | 2005년 5월 4일
개정판 1쇄 발행일 | 2010년 9월 1일
개정판 17쇄 발행일 | 2021년 5월 28일

지은이 | 황신영
펴낸이 | 정은영
펴낸곳 | (주)자음과모음

출판등록 | 2001년 11월 28일 제2001-000259호
주   소 | 04047 서울시 마포구 양화로6길 49
전   화 | 편집부 (02)324-2347, 경영지원부 (02)325-6047
팩   스 | 편집부 (02)324-2348, 경영지원부 (02)2648-1311
e-mail | jamoteen@jamobook.com

ISBN 978-89-544-2015-0 (44400)

배아 줄기세포 분화된 눈... 다발

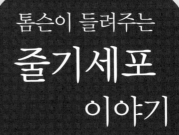

톰슨이 들려주는
줄기세포
이야기

| 황신영 지음 |

누구야, 넌?

㈜자음과모음

줄기세포란 무엇일까요?

최근 들어 줄기세포란 말을 많이 들어보았을 것입니다. 사실 줄기세포라는 말이 나온 것은 불과 얼마 전입니다. 줄기세포는 우리 몸의 모든 세포를 만들어 낼 수 있는 능력을 가지고 있어 불치병을 앓고 있는 많은 환자들에게 마지막 희망이 되고 있습니다. 줄기세포는 전 세계의 많은 의학자 및 생명 공학자들이 연구하고 있는 분야로 우리나라는 줄기세포 연구의 선진국입니다.

1998년에 최초로 인간의 배아를 이용해 줄기세포를 만드는 데 성공했는데, 이 줄기세포를 최초로 발견한 사람은 미국 위스콘신 대학교의 톰슨 교수입니다.

이 책은 톰슨 교수가 우리나라 청소년들에게 10일간의 수업을 통해 줄기세포의 모든 것에 대해 알려 주는 내용으로 구성되어 있습니다. 하루하루 수업이 진행되는 동안 청소년 여러분은 줄기세포의 뜻과 종류, 만드는 방법, 줄기세포를 이용해 할 수 있는 일과 문제점, 복제 인간을 만드는 방법과 복제 인간의 문제점 등을 자연스럽게 배울 수 있습니다.

저는 앞으로 무궁무진하게 발전할 가능성이 높은 생명 공학 분야를 청소년 여러분이 알아야 할 필요가 있다고 생각합니다.

청소년들이 이 책을 읽으면서 생명 공학에 관심을 가지고, 더불어 생명의 신비를 느낄 수 있기를 소망합니다. 또한 생명 과학 분야에서 노벨상을 탈 수 있는 훌륭한 과학자가 여러분 가운데 나오기를 희망합니다.

끝으로 이 책을 출간할 수 있도록 도와준 강병철 사장님과 편집부 관계자 여러분께 깊은 감사를 드립니다. 또한, 좋은 책을 쓸 수 있도록 도와준 후배 진주에게도 감사의 마음을 전합니다.

황 신 영

차례

세포란 무엇일까요?

생물의 몸은 세포로 구성되어 있습니다.
세포 속에는 무엇이 들어 있고, 어떤 일을 할까요?

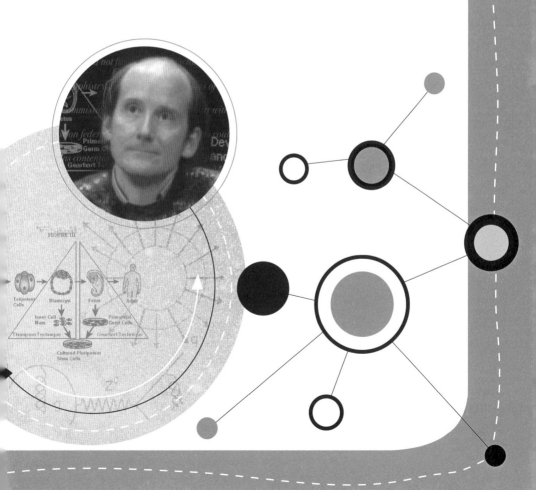

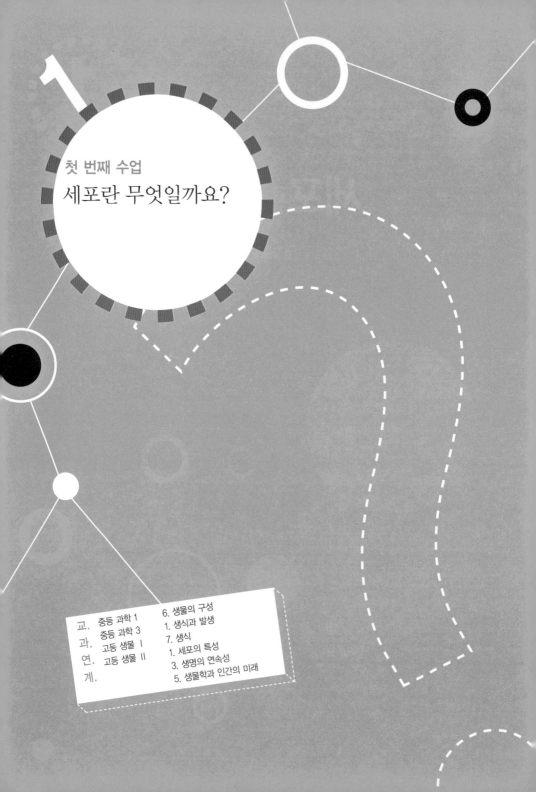

첫 번째 수업

세포란 무엇일까요?

톰슨이 학생들과 반갑게 인사한 후
첫 번째 수업을 시작했다.

　오늘은 세포에 대한 이야기를 먼저 하려고 합니다. 줄기세
포에 대해 알아보려면 세포가 무엇인지부터 알아야 하니까요.

　벽돌집을 만들기 위해서는 수많은 벽돌이 필요합니다. 이
벽돌이 차곡차곡 쌓여 벽돌집을 이룹니다. 식물이나 동물의
경우도 벽돌집과 마찬가지로 세포라는 작은 단위로 구성되
어 있습니다.

　생물의 몸은 세포로 구성되어 있다.

벽돌로 만들어진 벽돌집

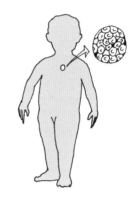

세포로 이루어진 사람의 모습

　그렇다면 한 생물의 몸을 구성하는 세포의 모양과 크기는
같을까요, 다를까요?

　우리 몸을 구성하고 있는 세포의 종류는 심장 세포, 간세
포, 피부 세포, 적혈구, 백혈구 등 몸을 이루는 부분에 따라
다양하게 생겼습니다. 또한, 크기도 눈으로 볼 수 있는 것부터
전자 현미경으로 봐야만 볼 수 있는 것까지 다양하답니다.

　한 생물의 몸을 구성하는 세포의 모양과 크기는 구성하는 부위에
따라 각각 다르다.

　눈으로 볼 수 있는 세포가 있다는 것이 믿어지지 않나요?

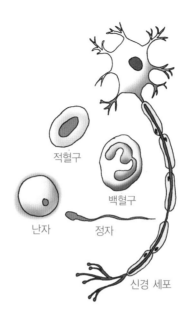

적혈구

백혈구

난자　　정자

신경 세포

　예를 들어 사람의 신경 세포는 길이가 1m 정도로 길쭉합니다. 하지만 우리 눈으로 몸속에 있는 신경 세포를 볼 수는 없으니 다른 예를 들어 보지요.

　여러분이 반찬으로 많이 먹는 달걀도 하나의 세포입니다. 달걀은 눈으로 볼 수 있는 세포의 예가 됩니다. 물론 대부분의 세포는 눈으로 볼 수 없을 만큼 매우 작아요. 예를 들어, 사람의 난자는 지름이 130~150㎛, 백혈구는 지름이 8~10㎛ 정도입니다.

　여러분이 모르는 단위가 하나 나왔군요. ㎛라는 단위는

'마이크로미터'라고 읽습니다. $1\mu m$는 0.001mm입니다.

따라서 난자와 백혈구의 크기를 mm로 바꾸어 보면 다음과 같습니다.

난자 = 0.13 ～ 0.15mm

백혈구 = 0.008 ～ 0.01mm

광학 현미경

난자는 눈이 아주 좋은 사람은 육안으로 구별할 수도 있는 크기이지만, 백혈구나 정자 같은 세포는 우리 눈으로는 볼 수 없고 광학 현미경을 통해서만 볼 수 있답니다. 광학 현미경은 관찰하려는 물체에 빛을 쪼여 렌즈를 통해 물체를 확대해서 크게 볼 수 있는 원리를 이용하여 만들어진 것입니다.

조금 전에 생물의 몸을 구성하고 있는 것이 세포라고 했는데, 그러면 세포 속의 모습은 어떠할까요? 세포의 종류에 따라 모양과 크기가 다르듯이 세포 속의 모습도 다 다를까요? 아까 백혈구나 정자 같은 세포는 광학 현미경을 통해서만 모습을 볼 수 있다고 했습니다. 그렇다면 세포

속에 들어 있는 무엇인가를 관찰하기 위해서는 광학 현미경
보다 더 정밀하게 볼 수 있는 기계가 필요하겠군요.

세포 속의 모습을 관찰하기
위해서는 전자 현미경이 필요
합니다. 전자 현미경은 광학 현
미경과 달리 빛 대신 전자선을
쪼여 물체를 관찰하는 것으로,
0.2nm 크기의 물체를 볼 수 있
습니다.

nm는 '나노미터'라고 읽습니
다. 1nm는 $0.001\mu m$입니다.

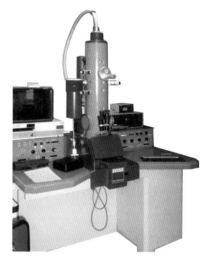

전자 현미경

따라서 전자 현미경으로 볼 수
있는 물체의 크기를 mm로 바꾸어 보면 $0.2 \times 0.001 \times$
$0.001 = 0.0000002mm$로, 아주 작은 크기의 물체를 관찰할
수 있습니다.

지금부터 세포 속을 살펴볼 수 있는 아주 조그만 잠수정을
타고 세포 안의 모습을 관찰해 봅시다.

내가 타고 있는 잠수정은 우리 몸속을 탐험하기 위해 만들
어진 것으로 나노 잠수정입니다. 아까 이야기했듯이 세포의

크기도 눈으로 볼 수 없을 정도로 아주 작았는데 세포 안에
들어 있는 물질들은 나노미터 크기로 더 작았지요? 따라서
세포 안으로 들어가기 위해서는 나노미터 크기 수준이 되어
야 한답니다. 이제 이 나노 잠수정을 타고 혈관으로 들어가
봅시다.

혈관 안으로 들어가면 주변에 빨간색 도넛 모양의 물체가
둥둥 떠다니는 것을 볼 수 있습니다. 바로 적혈구입니다. 적
혈구는 우리 몸에서 산소와 영양분을 각 세포들에게 전달해
주고, 세포에서 나오는 이산화탄소와 노폐물을 걷어 오는 기
능을 합니다.

혈관 속에 있는 울퉁불퉁한 모습의 세포는 백혈구입니다.
백혈구는 적혈구보다 크기가 크며 일정한 모양이 없습니다.

백혈구는 우리 몸에 들어온 세균을 잡아먹는 일을 합니다.

이제 백혈구 안으로 들어가 봅시다. 드디어 세포 속으로 들어왔군요.

세포막이 백혈구를 둘러싸고 있습니다. 세포막은 세포의 모양을 유지시켜 주며, 세포막에는 작은 통로가 있어 여러 가지 물질의 출입을 조절해 줍니다. 또, 위험으로부터 세포를 지켜 주는 기능도 합니다.

세포막 안으로 들어가면 동그란 공 모양의 덩어리가 있는데, 이것은 핵입니다. 핵 역시 핵막으로 둘러싸여 보호받고 있는데 핵막을 자세히 들여다보면 작은 구멍들이 나 있어서 이 구멍을 통해 여러 가지 물질들이 드나듭니다. 핵 안에는 세포의 모든 활동을 조절하는 중요한 유전 물질이 들어 있습니다.

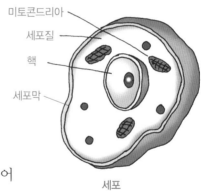

세포

세포에서 핵을 제외한 부분을 세포질이라고 하는데, 여기에는 여러 가지 기능을 하는 다른 세포 기관이 들어 있습니다. 세포질 안에 들어 있는 세포 기관 중 소시지 모양으로 생긴 것은 미토콘드리아라고 하며, 생물이 살아가는 데 필요한 에너지를 만들어 내는 기능을 합니다. 한 개의 세포 속에는 많은 수의 미토콘드리아가 들어 있습니다.

지금까지의 내용이 너무 어려웠나요? 세포 속에 들어 있는 여러 기관들이 하는 일을 좀 더 이해하기 쉽게 공장을 예로 들어 설명해 보겠습니다.

공장 주변은 높은 담으로 둘러싸여 있습니다. 공장의 문 옆에는 관리실이 있고, 여기에 있는 직원이 공장으로 들어오고 나가는 트럭의 종류와 실려 있는 물품을 점검합니다. 물건을 만드는 데 필요한 재료를 실은 트럭은 공장 안으로 들어가고, 만들어진 물건이나 만들면서 나오는 쓰레기를 실은 트럭

은 공장 바깥으로 나옵니다. 하루에도 몇 십 대, 몇 백 대의 트럭이 들락날락하는 공장에서 트럭의 출입을 관리하지 못한다면 물건을 제대로 만들 수 없을 것입니다.

공장의 담이 세포막이라고 한다면 공장의 입구는 세포막에서 물질이 이동하는 통로가 되고, 트럭은 세포를 출입하는 물질이라 할 수 있습니다.

공장의 안쪽으로 들어가면 물건을 만드는 곳이 나옵니다. 여기는 음료수를 만드는 공장이군요. 이 공장에서 만들어 내는 음료수의 종류는 다양합니다. 한쪽에서는 유리병에 담긴 음료수가 만들어지고, 다른 쪽에서는 종이 팩에 담긴 음료수가 만들어지고 있군요. 또 다른 곳에서는 페트 병에 담긴 음료수가 만들어지고 있네요.

이처럼 음료수의 종류에 따라 음료수가 담기는 용기도 달라집니다. 이 공장에서는 음료수 만드는 모든 과정을 기계가 담당하고 있군요. 그렇다면 각각의 기계에 음료수를 만드는 정보를 바르게 입력해야겠지요? 유리병에 담긴 사과 주스를 만드는 기계에는 사과 주스를 만드는 정보가, 종이 팩에 담긴 우유를 만드는 기계에는 우유를 만드는 정보가 바르게 들어가야겠지요.

이렇게 물건을 만드는 데 필요한 모든 정보를 가지고 있으

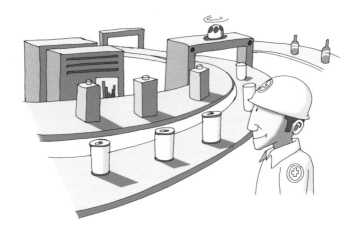

면서 필요한 곳에 알맞은 정보를 전해 주는 기능을 하는 컴퓨터는 매우 중요하겠군요. 만일 이 컴퓨터에 이상이 생겨 정보의 일부분이 사라지거나, 아예 없어져 버리면 제대로 된 물건을 만들지 못하겠지요. 세포에서 컴퓨터와 같은 기능을 하는 것이 핵입니다.

그런데 공장을 운영하는 데 컴퓨터 이외에도 중요한 것이 하나 있지요. 바로 전기입니다. 기계를 작동하려면 전기가 필요합니다. 이처럼 기계를 작동시키는 데 필요한 전기는 발전소에서 만듭니다. 세포의 미토콘드리아는 발전소와 같

은 기능을 해서 세포가 활동하는 데 필요한 에너지를 만들어
줍니다.

　생물의 몸은 세포로 구성되어 있다고 했는데, 그렇다면 생
물의 몸을 단순하게 세포 덩어리의 모임이라고 할 수 있을까
요? 세포들 중에서 모양이나 하는 일이 비슷한 세포가 모여
조직을 이룹니다. 또 이런 비슷한 일을 하는 조직끼리 모여
기관을 이룹니다. 위, 심장, 신장, 허파 등을 바로 기관이라고
합니다. 그리고 서로 비슷한 일을 하는 기관이 모여 기관계를
이룹니다. 이러한 기관계들이 모여 개체를 이루게 되지요.
　예를 들어, 세포들이 모여 위벽을 이루는 조직이 되고, 위
를 이루는 여러 가지 조직이 모여 위라는 기관이 됩니다. 위

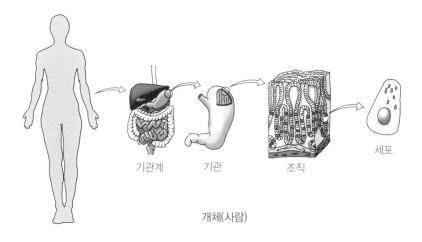

기관계　　　기관　　　조직　　　세포

개체(사람)

는 소화를 담당하는 기관인데 소화를 담당하는 다른 기관인 간, 십이지장, 작은창자(소장), 쓸개, 이자 등이 모여 소화 기관계를 이루지요. 배설계, 호흡계, 순환계 같은 여러 가지 기관계들이 모여 하나의 사람을 이룹니다.

이처럼 생물은 세포로부터 조직, 기관, 기관계를 거쳐 체계화된 개체를 이루어 생명을 얻고 살아가는 데 필요한 여러 가지 일을 할 수 있습니다.

이야, 내가 좋아하는 달걀부침이에요.

반찬으로 많이 먹는 달걀이 하나의 세포란 걸 알고 있나요?

정말이요? 세포를 눈으로 볼 수가 있어요?

네. 달걀은 눈으로 볼 수 있는 세포 중에 하나예요.

달걀

세포

나도 세포라고!

달걀처럼 눈으로 볼 수 있는 세포가 또 있어요. 사람의 신경 세포 중 긴 것은 1m 정도인데, 몸속에 있어서 볼 수 없을 뿐이죠.

세포의 모양과 크기는 구성하는 부위에 따라 각각 다르군요.

신경 세포

맞아요. 하지만 대부분의 세포는 눈으로 볼 수 없을 만큼 매우 작아요.

세포를 관찰할 때는 현미경을 이용하겠네요?

적혈구 백혈구

난자 정자

맨눈으로는 관찰할 수 없음

백혈구나 정자 같은 세포는 광학 현미경을 이용해 관찰하는데, 세포 속을 관찰하기 위해서는 전자 현미경을 이용해요.

전자 현미경이요?

광학 현미경

전자 현미경

빛 대신 전자선을 쪼여 물체를 관찰하는 전자 현미경은 0.0000002mm의 아주 작은 크기의 물체를 관찰할 수 있어요.

우아, 대단하네요.

전자 현미경으로 관찰

무엇이 **생물**의 **특징**을 **결정**할까요?

생물의 고유한 특징을 결정하는 것은 염색체 속에 들어 있는 유전자입니다.
유전자와 염색체에 대해 알아봅시다.

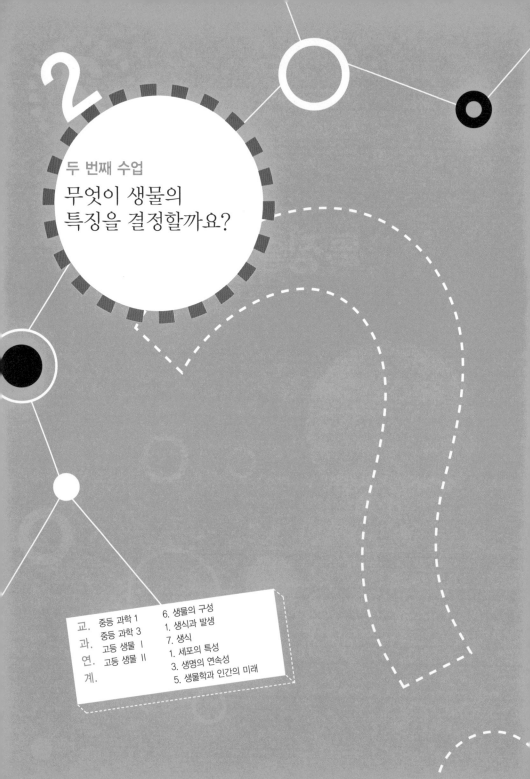

2

두 번째 수업

무엇이 생물의
특징을 결정할까요?

톰슨이
지난 시간의 내용을 복습하며
두 번째 수업을 시작했다.

　지난 수업 시간에는 세포에 대해 알아보았습니다. 눈에 보이지 않을 정도로 작은 세포 안에는 고유한 기능을 하는 작은 구조물이 들어 있었지요. 세포의 생명 활동을 담당하는 것은 핵입니다. 그렇다면 핵은 어떤 방법으로 세포의 기능을 조절할까요? 오늘은 핵 속으로 들어가 어떤 물질이 세포의 기능을 조절하는지 알아봅시다.

　과학자들이 성능 좋은 현미경으로 핵 안을 들여다보았더니 어떤 때는 실 같은 것이 풀어져 있기도 하고, 어떤 때는 여러 개의 막대기 모양으로 생긴 것을 볼 수 있었답니다. 과학자들이 실처럼 풀어져 있는 물질에 염색사라는 이름을 붙이고, 막대기 모양으로 생긴 물질에 염색체라는 이름을 붙였습니다. 또한, 오랫동안 관찰해 보니 평소에는 핵 안에서 염색사 형태로 존재하다가 세포 분열 시기에 염색체 형태로 존재하는 것을 알 수 있었습니다.

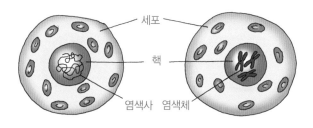

그런데 왜 평소에는 핵 안에서 염색사 형태로 존재하다가, 세포 분열 시기에만 염색체 형태로 존재할까요?

톰슨은 큰 상자를 들고 들어왔다. 상자 안에는 여러 색깔의 털실이 들어 있었다.

여기 상자 안에 색깔이 다른 털실이 들어 있습니다. 상자 안에 있는 털실을 색깔이 같은 것끼리 나누어 보세요.

학생들은 색깔별로 털실을 나누려고 했지만 털실이 마구 얽혀 있어 쉽게 나눌 수가 없었다.

털실을 색깔별로 나누는 일이 쉽지 않지요? 이는 털실이 서로 섞여 있기 때문입니다.

톰슨은 상자 안의 털실을 하나 뽑아내어 둘둘 감기 시작했다. 털실 한 가닥이 계속 빠져나오면서 감고 있는 털실 뭉치는 점점 커지기 시작했다.

이런 식으로 털실을 감아서 털실 뭉치를 만들면 쉽게 같은 색깔의 털실로 나눌 수 있습니다.
여기서 눈치가 빠른 학생들은 상자와 털실과 털실 뭉치가 각각 무엇을 의미하는지 알 수 있을 것입니다. 무엇일까요?

＿상자는 핵이고, 털실은 염색사, 털실 뭉치는 염색체를 의미합니다.

네, 잘 이해했군요. 세포의 크기가 어느 정도 커지면 세포는 2개로 나뉘는데 이때 핵도 2개가 만들어지며, 핵 안에 들어 있는 염색체도 각각 2벌씩 만들어집니다. 2배로 늘어난 세포가 나뉘면서 2개의 세포가 생기는 과정을 세포 분열이라고 합니다.

아까 털실의 예에서 알 수 있듯이 핵 안에 염색사 형태로 흩어져 있는 것을 나누려고 한다면 섞여 있어 정확하게 나눌 수가 없겠지요. 그래서 세포가 분열을 하기 전에 염색사가 염색체 상태로 똘똘 뭉쳐져서 나눠지기 쉽도록 준비를 하게 됩니다.

사람의 세포 속의 핵 안에는 46개의 염색체가 들어 있습니다. 크기 순서대로 나란히 놓으면 모양과 크기가 같은 염색체가 한 쌍씩 1번부터 22번까지 44개가 있고, 여자의 경우에는 X염색체가 2개, 남자의 경우에는 X염색체, Y염색체를 각각 1개씩 가지고 있습니다.

크기와 모양이 같은 한 쌍의 염색체를 상동 염색체라고 합니다. 1번부터 22번까지의 염색체는 상염색체라고 하여, 우

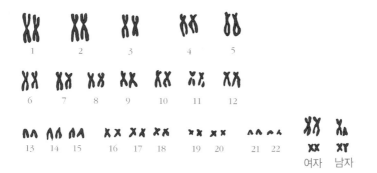

사람의 염색체

리 몸의 여러 가지 특징을 결정해 줍니다. X, Y 염색체는 성
염색체라고 하여, 성별을 결정해 줍니다.

그렇다면 염색체가 우리 몸의 모든 정보를 가지고 있는 곳
일까요? 그렇지는 않습니다. 염색체 속에는 유전자가 들어
있습니다. 이 유전자가 실제로 우리 몸의 모든 정보를 가지
고 있답니다. 유전자에는 머리카락의 색깔과 모양, 키, 눈의
색깔, 뼈와 심장을 만드는 방법, 근육을 움직이는 방법 등 수
많은 정보들이 들어 있습니다.

음, 여기서 한 가지 의문점이 생기는군요. 지금까지 배운
내용에 따르면 머리카락 세포, 심장 세포, 근육 세포 등 우리
몸을 이루고 있는 모든 세포들 안에는 똑같은 핵과 똑같은 염
색체가 들어 있으며, 염색체 안에는 우리 몸을 구성하는 데

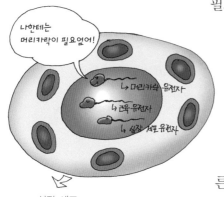

나한테는
머리카락이 필요없어!

└→ 머리카락 유전자

└→ 근육 유전자

└→ 심장 세포 유전자

심장 세포

필요한 모든 유전자가 들어 있습니다. 예를 들면 심장 세포 안에 머리카락을 만드는 유전자, 근육을 만드는 유전자 등 심장 세포에 필요하지 않은 다른 유전자까지도 들어 있다는 것이지요. 그렇다면 각각의 세포는 이 수많은 유전자 중에서 자기에게 필요한 정보를 어떻게 찾아 쓸까요?

여러분이 책을 사기 위해 아주 커다란 서점에 들어왔다고 합시다. 큰 서점에 들어가면 책의 종류별로 구역이 정해져 있습니다. 예를 들어 소설책만 모아 놓은 곳이 있고, 잡지만 모아 놓은 곳, 또 여러분이 좋아하는 만화책만 모아 놓은 곳도 있습니다.

여러분 중 만화책을 좋아하는 학생은 만화책이 모여 있는 곳으로, 소설책을 좋아하는 학생은 소설책이 모여 있는 곳으로 갈 것입니다. 또, 만화책 중에서도 순정 만화를 좋아하는 학생은 순정 만화를 진열해 놓은 곳으로 갈 것이고, 스포츠 만화를 좋아하는 학생은 스포츠 만화를 진열해 놓은 곳으로

갈 것입니다.

서점을 모든 유전 정보가 모여 있는 핵이라고 한다면, 책의 종류별로 나뉘어 있는 진열대는 염색체라고 할 수 있고, 각각의 책들은 유전자를 의미합니다. 여러분이 서점에 들어가서 관심 있는 책만 꺼내어 보는 것과 마찬가지로 우리 몸을 이루고 있는 세포들도 각각 자신의 기능에 맞는 유전자만 사용합니다.

예를 들어, 피부 세포에서는 피부를 만드는 데 필요한 유전자와 피부가 하는 일에 관련된 유전자만 사용되고, 머리카락을 만드는 데 필요한 유전자, 적혈구를 만드는 데 필요한 유전자는 사용되지 않습니다.

여기서 다음과 같은 사실을 알 수 있습니다.

할 일이 정해진 세포는 그 일과 관련된 유전자만 사용한다.

이 사실을 잊지 말고 기억해 두세요. 우리가 앞으로 배우는 줄기세포가 일반적인 세포들과 왜 다른지 알 수 있는 내용이니 까요.

만화로 본문 읽기

누가 이렇게 털실들을 마구 엉클어 놓은 거야?

미안해. 하지만 선생님이 이렇게 만들라고 하셨어!

너무 속상해하지 마세요. 털실로 염색사를 만들어서 보여 주려는 거예요.

염색사요?

네. 평소에는 얽힌 털실과 같은 염색사 형태이다가 세포 분열 시기에는 염색체 형태로 변하지요. 이 털실 뭉치에서 실 두 가닥을 뽑아 리본 모양으로 만들면 염색체 형태가 돼요.

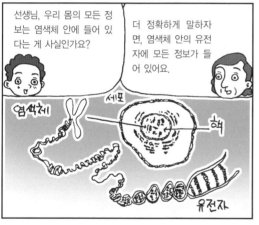

선생님, 우리 몸의 모든 정보는 염색체 안에 들어 있다는 게 사실인가요?

더 정확하게 말하자면, 염색체 안의 유전자에 모든 정보가 들어 있어요.

유전자

세포

염색체

핵

유전자에는 머리카락의 색깔과 모양, 뼈와 심장을 만드는 방법, 근육을 움직이는 방법 등 수많은 정보들이 들어 있어요.

그렇군요.

심장세포

머리카락 유전자

근육 유전자

심장 유전자

세포는 이 수많은 유전자 중에서 필요한 정보를 어떻게 찾아 쓰나요?

예를 들어 도서관을 모든 유전 정보가 모여 있는 핵이라고 한다면, 책의 종류별로 나뉘어 있는 진열대는 염색체, 각각의 책들은 유전자라고 할 수 있어요.

문학

염색체

핵

유전자

우리가 관심 있는 책만 꺼내어 보는 것처럼 세포도 각각 자신의 일에 맞는 유전자만 사용하는 거예요.

이제 이해가 되네요.

3

아이는 어떻게 **생길**까요?

엄마의 난자와 아빠의 정자가
만나 수정란이 되는 과정을 살펴봅시다.

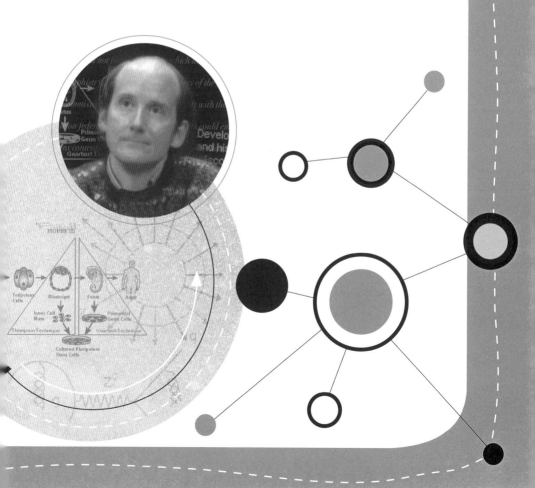

3

아이는
어떻게 생길까요?

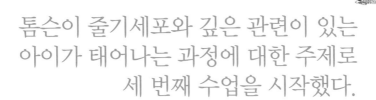

톰슨이 줄기세포와 깊은 관련이 있는
아이가 태어나는 과정에 대한 주제로
세 번째 수업을 시작했다.

지난 수업 시간에는 염색체와 유전자에 대해 알아보았습니
다. 핵 속에 들어 있는 염색체, 그리고 그 속에 들어 있는 유
전자가 우리 몸을 구성하고 여러 가지 생명 활동을 담당하는
정보들을 가지고 있다고 이야기했지요.

오늘은 아이가 생기는 과정에 대해 알아보기로 해요. 갑자
기 아이가 생기는 과정에 대해 알아본다고 하니 이상하지요?
하지만 우리가 배울 줄기세포와 아이가 태어나는 과정은 깊
은 관계가 있습니다. 그리고 오늘 이야기 속에서 우리가 알
고 싶어 하는 줄기세포의 정체가 조금 밝혀지게 된답니다.

오랜 옛날부터 사람들은 아이가 어떻게 생기는지에 대해 궁금하게 생각했습니다. 아이가 태어나는 것 자체는 궁금할 바가 없었지만, 과연 어머니의 몸속에서 아이가 어떻게 생기는지에 관해서는 많은 사람들이 다양한 주장을 했습니다.

　고대 그리스의 유명한 철학자이자 자연 과학자인 아리스토텔레스(Aristoteles, B.C.384~B.C.322)는 '아이가 어떻게 생기는가?'에 대한 답을 찾기 위해 고민하던 중 암탉이 품고 있는 알을 조사해 볼 생각을 했습니다. 여러분도 알다시피 병아리는 암탉이 알을 품은 지 21일이 지나면 알을 깨고 나옵니다.

　아리스토텔레스는 암탉이 알을 품은 지 하루가 지난 알부터 시작하여 21일이 지나 병아리가 나오는 상태의 알까지 골고루 모아 알을 깨서 내부를 살펴보았습니다. 물론 알 속에 들어 있는 병아리에게는 잔인한 일입니다만, 오늘날과 같이 알을 깨지 않고도 안쪽을 조사할 수 없었던 시절에는 더 이상 좋은 방법이 없었겠지요.

　이렇게 달걀을 조사해 본 결과 암탉이 알을 갓 낳았을 때에는 작은 덩어리 모양이었다가 점차 시간이 지나면서 머리, 다리, 날개, 깃털 등을 갖추어 완전한 병아리의 모습을 하고 태어난다는 것을 알았습니다. 아리스토텔레스는 이것을 보고 동물이 처음 생길 때에는 아주 작은 덩어리였다가 자라면서 점차 모습을 갖추어 완전한 동물이 된다고 생각하였습니다.

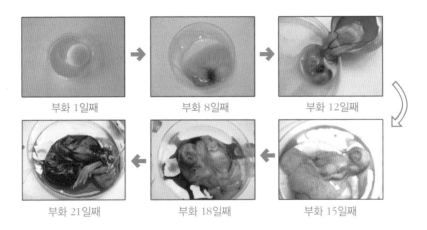

부화 1일째   부화 8일째   부화 12일째

부화 21일째   부화 18일째   부화 15일째

아리스토텔레스의 말은 옳았습니다. 하지만 모든 사람들이 이 말을 옳다고 생각하지는 않았습니다. 로마 시대의 세네카(Lucius Seneca, B.C.4?~A.D.65)라는 학자는 정자 속에 아주 작지만 완전한 사람이 들어 있다고 주장했습니다. 난자는 정자 속의 작은 사람이 자라기 위한 양분을 제공하는 집과 같은 기능을 한다고 했지요.

또, 어떤 과학자들은 이와 반대로 난자 속에 완전한 작은 사

람이 들어 있고, 정자가 난자 속의 사람이 자랄 수 있는 양분을 제공한다고 주장하기도 했어요. 한동안 작은 사람이 난자 속에 들어 있는지, 아니면 정자 속에 들어 있는지 논쟁이 벌어졌답니다.

이러한 논쟁은 우습게도 현미경이 만들어진 이후에 더 심했다고 합니다. 처음에 만들어진 현미경의 성능이 그리 좋지 않았기 때문에 정자와 난자를 현미경으로 관찰한 과학자들이 무엇인가 희미하게 보이는 것을 보고 사람의 모습으로 착각했기 때문에 일어난 일이었죠. 이러한 어이없는 논쟁은 18세기가 되어서야 둘 다 틀린 것으로 결론이 났습니다.

그렇다면 인간은 어떻게 태어날까요? 인간을 포함한 모든 동물들은 아버지에게서 받은 정자와 어머니에게서 받은 난자가 만나서 생식을 합니다. 정자와 난자가 만나는 과정을

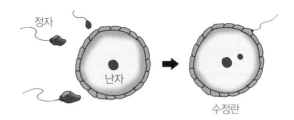

수정이라고 하며, 이때 정자와 난자가 만나 수정란이 만들어
집니다.

지난 시간에 사람의 세포에는 46개의 염색체가 들어 있다
고 했는데, 사실 이 말이 항상 옳은 것은 아닙니다. 남자에게
서 만들어지는 정자와 여자에게서 만들어지는 난자는 다른
세포들과 달리 23개의 염색체를 가지고 있습니다. 46개의 염
색체를 가지고 있으며 몸을 구성하고 있는 세포를 체세포라
고 하며, 23개의 염색체를 가지고 있는 정자와 난자를 생식
세포라고 합니다.

생식 세포의 염색체 수가 체세포 염색체 수의 절반인 것은
정자와 난자가 만나 수정이 되면서 다시 46개의 염색체를 가
지게 되기 때문입니다. 만일 생식 세포가 체세포와 마찬가지
로 46개의 염색체를 가지고 있다면 세대를 거듭할수록 염색
체의 수는 2배씩 늘어나는 엄청난 사태가 벌어지겠지요?

수정란은 최초에 세포 한 개인 상태입니다. 수정란이 수많은 세포로 이루어진 사람이 되기 위해서는 아직 갈 길이 멉니다. 부지런하게 세포 분열을 해야 사람의 모습을 갖추어 나가겠지요?

수정이 일어난 지 하루가 지나면 첫 번째 세포 분열이 일어납니다. 이때 수정란은 2개의 세포로 나뉩니다. 이 상태에서 다시 한 번 분열이 일어나면 4개의 세포로 나뉩니다. 이렇게 세포 분열이 일어날 때마다 세포의 수는 2배가 됩니다. 그렇다면 세포의 수는 다음과 같이 늘어나겠군요.

세포 1개 → 세포 2개 → 세포 4개 → 세포 8개 → 세포 16개 → …

하나의 수정란에서 계속 세포 분열이 일어나는 것을 난할

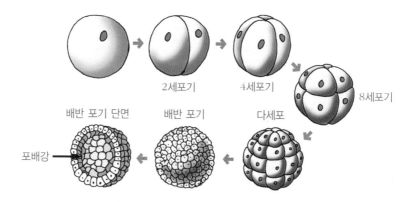

2세포기   4세포기   8세포기

배반 포기 단면   배반 포기   다세포

포배강

이라고 합니다. 이 시기에는 세포들이 완전히 나뉘어 떨어지는 것이 아니라 붙어 있으면서 분열만 일어나기 때문에, 세포의 수는 많아지고 세포 한 개의 크기는 점점 작아집니다.

수정 후 6~7일이 지나는 동안 수정란에서 계속 난할이 일어난 결과 100여 개의 세포가 만들어지는데, 이 세포들은 표면에만 가득 있고 속은 비어 있는 상태가 되는데 이때를 포배라고 부릅니다. 포배는 액체가 가득 들어 있는 공간과 실제로 아이가 만들어지는 세포들이 모여 있는 내부 세포 덩어리, 그리고 포배를 둘러싸고 있는 바깥 세포층으로 이루어져 있습니다.

포배

포배 상태일 때 수정란은 어머니의 자궁에 붙습니다. 자궁은 아이가 자랄 집입니다. 자궁 안에서 수정란은 어머니에게서 영양분과 산소를 받아 본격적으로 자랄 준비를 합니다. 아직까지 수정란은 공 모양으로 생겼을 뿐 사람의 모습을 갖추지는 못했습니다. 이 시기에 내부 세포 덩어리의 세포들이 자라서 어떤 부분이 될 것인지 결정되며, 운명이 결정된 세포들은 자기가 할 일을 준비합니다.

지난 시간에도 이야기했듯이 모든 세포들은 같은 유전자를 가지고 있지만, 해야 할 일에 따라서 사용하는 유전자가 다

릅니다. 따라서 한 번 세포의 운명이 결정되면 그 세포는 더이상 다른 일을 하는 세포로 변할 수 없습니다.

그런데 어머니의 자궁에 붙은 수정란은 둥근 공 모습이었습니다. 이것은 아직 사람처럼 보이기에는 무리가 있군요. 언제가 되어야 사람과 비슷한 모습을 갖추게 될까요? 세포가 분열하면서 머리와 팔다리 등의 모습을 갖추어 가면서 심장, 뇌와 같은 기관도 생기게 됩니다. 이와 같은 모습을 갖추게 되는 시기는 수정된 후 8주가 되었을 때입니다. 그래서 8주 이전까지는 배아라 하고, 8주 이후부터는 태아라고 부릅니다.

태아 시기 이후로는 점점 몸이 발달하고 성별이 나뉘어 점점 크게 자라면서 열 달이 지난 후 엄마의 몸속을 빠져나와 세상의 빛을 보게 됩니다. 여러분은 모두 이런 과정을 거쳐 태어난 것이랍니다.

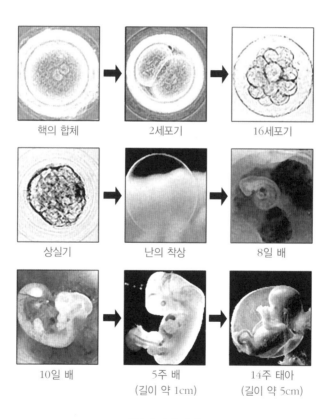

핵의 합체	2세포기	16세포기
상실기	난의 착상	8일 배
10일 배	5주 배 (길이 약 1cm)	14주 태아 (길이 약 5cm)

사람의 발생 과정

선생님, 이렇게 귀여운 아이는 어떻게 생기나요?

세포 분열

엄마 배 속에서 정자와 난자가 만나 수정란이 만들어진 다음 세포 분열을 거치면 수많은 세포로 이루어진 사람이 되는 거예요.

하나의 수정란에서 계속 세포 분열이 일어나는 것을 난할이라고 하는데, 이 시기에는 세포들이 완전히 나뉘어 떨어지는 것은 아니에요.

그러면요?

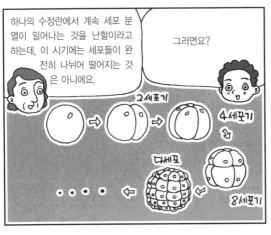

2세포기

4세포기

다세포

8세포기

세포들이 붙어 있으면서 분열만 일어나기 때문에 세포의 수는 많아지고 세포 한 개의 크기는 점점 작아진답니다.

아~, 그렇군요.

수정 후 6~7일이 지나는 동안 수정란에서 계속 난할이 일어난 결과 100여 개의 세포가 만들어지는데, 이때를 포배라고 불러요.

포배

포배요?

포배 상태일 때 수정란은 자궁에 붙어서 영양분과 산소를 받아 본격적으로 자랄 준비를 해요. 이때 각 세포들의 운명이 결정되지요.

그러면 언제 사람의 모습을 갖추기 시작하나요?

난 심장이 될래!

난 피부!

난 근육이 될 거야!

수정된 후 8주가 되었을 때예요. 그래서 8주 이전까지는 배아라고 하고, 8주 이후부터는 태아라고 불러요.

태아 시기 이후부터 점점 크게 자라서 열 달이 지난 후에 태어나는 것이군요.

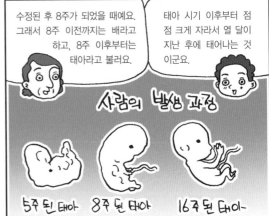

사람의 발생 과정

5주 된 태아

8주 된 태아

16주 된 태아

4

줄기세포란 무엇일까요?

줄기세포가 무엇인지 알고 있나요?
줄기세포의 뜻과 종류를 알아봅시다.

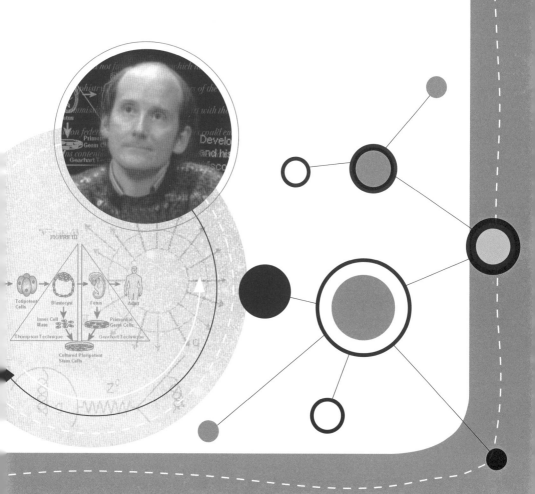

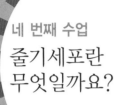

4

네 번째 수업

줄기세포란
무엇일까요?

톰슨이 네 번째 수업으로
드디어 줄기세포에 대해
이야기하기 시작했다.

　지난 수업 시간에는 아이가 생기는 과정에 대해 알아보았
습니다. 낯선 말이 많이 나와 조금 어렵게 느껴졌을지도 모
르겠어요. 하지만 줄기세포에 대해 공부하기 위해 반드시 필
요한 내용이니 꼭 기억하세요. 어렵기는 하지만 여러분도 그
런 과정을 거쳐 태어났다는 것이 무척 신기하지요? 오늘은
드디어 줄기세포가 무엇인지에 대해 배울 차례네요.

　우리 몸을 이루고 있는 세포의 종류는 몇 가지나 될까요?
　＿피부 세포, 머리카락 세포, 심장 세포…….

학생들은 고개를 갸우뚱하면서 몇 가지 세포의 이름을 얘기하였지
만, 시간이 지나자 더 이상 이야기하는 사람은 없었다.

　종류가 많을 듯한데 정확하게는 모르겠지요? 우리 몸은
210여 가지의 세포들로 구성되어 있습니다. 그런데 세포는
한 번 만들어지면 영원히 살 수 있을까요?

　모든 생물들이 일정한 수명을 가지고 있는 것처럼 세포도
나이를 먹으면 죽게 된답니다. 물론 세포의 수명은 종류에
따라서 다릅니다. 예를 들어 적혈구는 120일 정도 살 수 있
고, 백혈구는 10일 정도 살 수 있습니다.

　세포의 수명이 정해져 있다면 죽은 세포들의 수만큼 새로
만들어지는 세포가 있어야겠네요. 그렇지 않다면 언젠가는
우리 몸의 세포가 모두 없어져 버릴 테니까요. 예를 들어, 여러
분이 밖에서 놀다가 넘어지면 팔꿈치나 무릎 등이 까져서 피가

나지요. 이런 경우 다친 곳은 시간이 지나면 어떻게 되나요?

__쓰리고 아프다가 하루 정도 지나면 딱지가 생기고, 며칠 지나면 새살이 돋아요.

네, 맞아요. 까진 부분은 피부 세포가 없어진 상태입니다. 만일 피부 세포가 없어진 상태로 살아가야 한다면 너무 끔찍하겠죠? 새살이 돋는 것이 바로 새로운 피부 세포가 생기는 과정입니다. 새로운 피부 세포를 만들 수 있는 것은 피부에 피부 세포를 만드는 공장인 줄기세포가 있기 때문입니다.

줄기세포는 우리 몸을 구성하는 모든 세포들을 만들 수 있는 세포이다.

자, 줄기세포가 무슨 일을 하는지 어느 정도 알게 되었군요. 그런데 줄기세포도 여러 종류가 있답니다. 지금부터 어떤 것이 있는지 알아보기로 해요.

성체 줄기세포 이야기

조금 전에 이야기했던 피부 세포를 잠시 생각해 볼까요? 모든 피부 세포가 줄기세포인 걸까요? 그렇지는 않아요. 피부 세포 중에서도 자신과 똑같은 세포를 만들어 낼 수 있는 자체 재생 능력을 가진 세포만이 피부 줄기세포입니다. 더구나 줄기세포는 우리 몸의 모든 부분에 존재하는 것이 아니라 특정한 조직에만 있습니다. 이렇게 성인의 몸에 존재하는 줄기세포를 성체 줄기세포라고 합니다.

성체 줄기세포 연구의 역사는 비교적 오래되었습니다. 1961년에 틸(Till)과 맥클로흐(Mculloch)라는 학자가 실험용 쥐를 대상으로 연구를 하여 성체 줄기세포를 발견했답니다. 줄기세포라는 말을 최근에야 들어본 듯한데 이렇게 오래전에 발견되었다는 것이 놀랍지요?

더욱 놀라운 것은 성체 줄기세포는 현재 병을 치료하는 데 사용되고 있다는 점입니다. 믿을 수 없다고요? 여러분은 백혈병이라는 병에 대해 들어보았나요? 아마도 영화나 드라마에서 주인공이 백혈병에 걸려 죽을 날만 기다리는 장면을 본 적이 있을 것입니다. 아니면 우리 주변에서도 누군가 백혈병에 걸렸다는 얘기를 들어본 적이 있을 거예요. 대체 백혈병이 어떤 병이기에 사람의 생명을 위협할까요? 백혈구는 우리 몸에서 어떤 일을 할까요?

　__우리 몸에 들어온 세균을 잡아먹는 일을 해요.

　맞아요. 백혈구는 우리 몸에 들어온 세균을 물리치는 일을 합니다. 그런데 백혈병에 걸린 사람은 튼튼한 백혈구가 만들어지지 않고, 불량 백혈구가 많이 만들어져요. 이런 경우 어떤 일이 생길 수 있을까요?

　__우리 몸에 들어온 세균을 물리치지 못해서 병에 걸리게 돼요.

　맞습니다. 백혈병에 걸리면 우리 몸속으로 들어오는 세균이나 바이러스 등을 없애지 못하게 됩니다. 이렇게 우리 몸의 면역이 약해지면 평소에 별 피해를 주지 못하는 약한 병균이 우리 몸속으로 들어와도 생명이 위험해져요.

　그렇다면 백혈병을 치료하기 위해서는 어떻게 해야 할까요?

___ 불량 백혈구를 없애고, 정상 백혈구를 넣어 주어야 해요.

그렇지만 백혈병에 걸린 환자 몸에서는 계속해서 불량 백혈구가 만들어지고 있습니다. 그렇기 때문에 정상 백혈구를 넣어 주는 것보다는 근본적으로 백혈구를 만들어 내는 곳을 치료해야겠지요.

백혈구가 만들어지는 장소는 뼈 속에 있는 골수입니다. 골수에 있는 골수 줄기세포가 계속해서 백혈구를 만들어 냅니다. 백혈병에 걸린 환자들은 병을 치료하기 위해 골수 이식을 받습니다. 환자의 몸에 있는 골수에 건강한 사람의 골수 세포를 넣어 주면, 환자의 골수에서 정상 백혈구를 만들어 낼 수 있게 됩니다.

피부 줄기세포는 피부를, 골수 줄기세포는 백혈구(적혈구도 만듦)를 만드는 성체 줄기세포입니다. 미처 생각하지 못했지만, 줄기세포가 현재의 우리 생활과 밀접한 관련이 있음을 알 수 있답니다.

배아 줄기세포 이야기

우리 몸의 여러 조직에 있는 성체 줄기세포와 달리 배아 줄기세포는 정자와 난자의 결합으로 만들어진 수정란에서 얻을 수 있습니다. 세 번째 수업에서 아이가 만들어지는 과정을 공부한 기억나나요? 그 수업에서 이미 배아 줄기세포에 대한 내용이 나왔답니다. 물론 배아 줄기세포의 정체에 대해 이야기하지는 않았지만요.

잠시 복습을 해 보도록 하지요. 수정란은 계속해서 난할이 일어나 100여 개의 세포로 이루어진 포배 상태가 됩니다. 포배 안에는 내부 세포 덩어리라는 세포가 들어 있습니다. 이 세포들은 다양한 세포로 만들어질 수 있는 능력을 가지고 있는데, 여기서 얻은 줄기세포를 배아 줄기세포라고 합니다.

배아 줄기세포를 연구한 역사는 성체 줄기세포를 연구한 역사에 비해 오래되지는 않았어요. 1998년에 나와 존스홉킨스 대학교의 기어하트(John Gearhart) 박사가 인간의 배아에서 줄기세포를 얻어내는 데 성공한 것이 최초입니다.

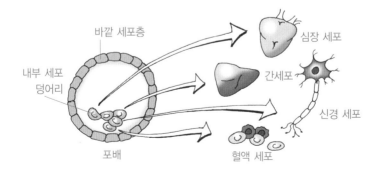

한국에서도 2001년에 마리아 생명공학 연구소의 박세필 박사 팀이 인간의 배아에서 줄기세포를 만들어 내는 데 성공했습니다. 이처럼 여러 나라의 과학자들이 줄기세포 연구에 매달리는 이유는, 배아 줄기세포는 성체 줄기세포와 달리 인체를 구성하는 모든 세포로 분화가 가능하기 때문이지요. 과학자들은 이것을 이용해서 여러 가지 병을 치료하기 위한 방법을 연구하고 있답니다.

아얏! 무릎에서 피가 나요.

엄살 그만 피우고 어서 일어나. 금방 새살이 돋을 거야.

맞아요. 새살이 돋는 것이 바로 새로운 피부 세포가 생기는 과정이지요.

새로운 피부 세포를 만들 수 있는 것은 무엇 때문인가요?

그건 피부에 피부 세포를 만드는 공장인 줄기세포가 있기 때문이지요.

줄기세포는 우리 몸을 구성하는 모든 세포들을 만들 수 있는 세포를 말해요.

그렇군요. 줄기세포에는 어떤 종류가 있나요?

줄기세포

줄기세포는 우리 몸의 특정한 조직에만 있는데, 성인의 몸에 존재하는 줄기세포를 성체 줄기세포라고 해요.

성체 줄기세포요?

피부 줄기세포는 피부를, 골수 줄기세포는 백혈구와 적혈구를 만드는 성체 줄기세포예요.

다른 종류의 줄기세포는 없나요?

신경세포

심장세포

성체 줄기세포

혈구세포

인체를 구성하는 모든 세포로 분화가 가능한 배아 줄기세포가 있어요.

그래서 과학자들이 배아 줄기세포를 이용해서 병을 치료하기 위한 방법을 연구하고 있군요.

배아 줄기세포

모든 조직의 세포로 분화할 수 있음

각 줄기세포의
특징을 알아볼까요?

여러 가지 줄기세포는
어떠한 특징을 가지고 있을까요?

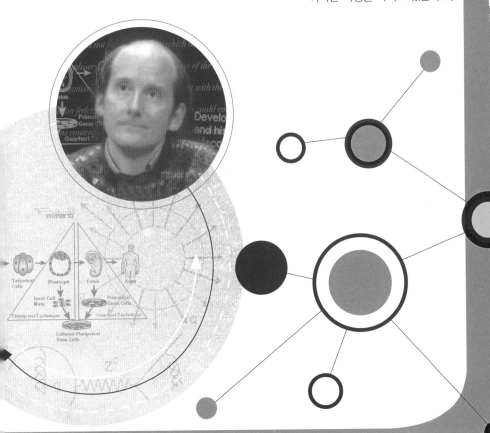

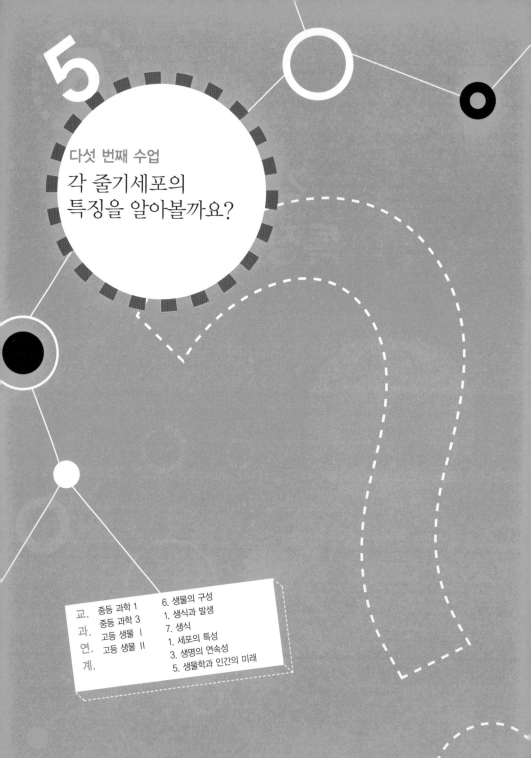

5

다섯 번째 수업

각 줄기세포의
특징을 알아볼까요?

톰슨이 커다란 상자를 가지고 와서
다섯 번째 수업을 시작했다.

　지난 수업 시간에는 줄기세포가 무엇인지에 대해 알아보았
습니다. 줄기세포에는 배아 줄기세포와 성체 줄기세포 2종류
가 있다고 이야기했지요. 이 두 종류의 줄기세포는 비슷한
것 같으면서도 다른 점들이 아주 많답니다. 오늘은 배아 줄
기세포와 성체 줄기세포가 어떤 특징을 가지고 있는지, 다른
점은 무엇인지 알아보기로 해요.

　톰슨이 가져온 상자 위에는 손이 들어갈 수 있는 구멍이 하나 뚫려
있었다.

상자 속을 들여다보지 말고 상자 안에 손만 넣어 하얀색 공을 꺼내 보세요.

학생들은 차례로 손을 집어넣어 공을 꺼냈다. 하지만 모두 검은색 공만 나왔다. 학생들은 상자 안에 검은색 공만 들어 있는 것이 아니냐면서 수군거렸다.

톰슨이 상자를 열어 학생들에게 안을 보여 주었다. 상자 안에는 검은색 공이 가득 차 있었고, 상자를 뒤집어 보니 하얀색 공이 1개 들어 있었다. 톰슨은 하얀색 공을 집어 들었다.

　상자 안을 보니까 검은색 공만 가득 들어 있고 하얀색 공은 하나 들어 있군요. 이렇게 눈으로 보았을 때는 하얀색 공을 쉽게 골라낼 수 있습니다.

　지난 시간에 배웠던 성체 줄기세포는 우리 몸의 조직에 아주 적은 양만 존재하고 있습니다. 백혈병의 치료 방법인 골수 이식을 이야기하면서 골수 안에 혈액을 만들어 내는 줄기세포가 있다고 하였는데, 과학자들은 10만 개의 골수 세포 중 1개 정도만이 줄기세포인 것으로 예상하고 있지요.

　더군다나 아직까지 골수 세포 중 어떤 것이 줄기세포인지 알 수 없답니다. 마치 아까 검은색 공이 가득 들어 있는 상자 안을 들여다보지 않고 단 한 개의 하얀색 공을 꺼내는 일이

거의 불가능한 것과 마찬가지지요. 이렇게 성체 줄기세포는 수가 매우 적고 어떤 세포가 성체 줄기세포인지 알 수 없다는 문제점을 가지고 있습니다.

또한, 성체 줄기세포를 몸 밖으로 꺼내는 데 성공했을지라도, 실험실에서 키우는 것이 대단히 어렵습니다. 따라서 과학자들은 성체 줄기세포를 실험실에서 잘 키워 줄기세포의 양을 늘리는 방법을 알아내기 위해 노력하고 있답니다.

마지막으로 성체 줄기세포는 이미 한 가지 종류의 세포만 만들도록 운명이 정해져 있기 때문에 이용하는 데 여러 가지 어려움이 있습니다. 예를 들어, 골수 줄기세포에서는 혈액만 만들 수 있고 피부 줄기세포에서는 피부만 만들 수 있습니다. 하지만 최근 연구 결과에 의하면 골수 줄기세포에서 신경 세포, 근육 세포, 골세포 등을 만들어 낼 수 있다는 것이 밝혀져, 앞으로 연구를 계속하여 다양한 병을 치료할 수 있는 방법을 찾을 것으로 기대하고 있습니다.

배아 줄기세포는 성체 줄기세포와 다릅니다. 성체 줄기세

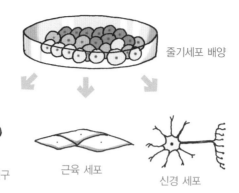

줄기세포 배양

적혈구   근육 세포   신경 세포

포가 사람 몸의 각 조직에 들어 있는 반면, 배아 줄기세포는 수정란에서부터 만들어지기 때문에 우리 몸을 구성하는 모든 종류의 세포를 만들 수 있습니다.

또, 배아 줄기세포는 일반 세포와 달리 특별한 조건만 맞추어 주면 실험실에서 무한정 만들 수 있습니다. 1998년에 나와 기어하트 박사에 의해 처음 만들어진 배아 줄기세포는 아직도 실험실에서 자라고 있습니다.

또, 배아 줄기세포는 노화가 되지 않는 세포이기 때문에 한 개의 배아 줄기세포만 만들어 내도 몇 십 만에서 몇 백 만 명이 넘는 환자들을 치료하는 데 이용할 수 있습니다.

아마 여러분은 지금까지의 이야기를 듣고 '성체 줄기세포보다 배아 줄기세포가 더 나은 것 아니야?'라는 의문을 가지게 될지도 모르겠군요. 배아 줄기세포가 성체 줄기세포에 비해 만드는 방법이 더 쉽고 응용할 수 있는 분야가 많아 좋은 것처럼 보이지만, 배아 줄기세포가 더 좋다고 쉽게 단정 지어 말할 수는 없답니다. 왜 그럴까요?

배아 줄기세포를 어디에서 얻었는지 생각해 보세요. 배아 줄기세포는 수정란에서 뽑아낸 것입니다. 수정란은 장차 아이로 태어날 생명입니다. 배아 줄기세포를 뽑아내면 수정란은 죽게 됩니다. 따라서 배아 줄기세포는 윤리적으로 문제가 있기 때문에 만들어 내서는 안 된다고 주장하는 사람도 많습니다. 이 내용은 뒤에서 더 자세히 이야기하도록 하지요.

배아 줄기세포는 윤리적인 문제 이외에도 다른 문제가 있습니다.

톰슨은 어디선가 고무공을 들고 왔다. 고무공을 바닥에 던지자 학생들 쪽으로 공이 튀었다. 다시 한 번 던지자 이번에는 칠판 앞으로 튀었다.

여러분이 보다시피 이 고무공은 어디로 튈지 전혀 예상할 수 없습니다. 그 이유는 무엇일까요?

__고무공을 던지는 각도가 달라질 수 있어요.

__ 고무공을 던지는 힘이 달라질 수 있어요.

__ 고무공이 닿은 바닥의 울퉁불퉁한 정도가 달라요.

네. 이런 아주 사소한 조건으로도 고무공이 튀는 방향은 달라질 수 있습니다.

배아 줄기세포도 이와 마찬가지입니다. 좀 전에 배아 줄기세포는 우리 몸을 구성하는 모든 세포가 될 수 있다고 하였습니다만, 배아 줄기세포를 이용해 특정한 세포를 만들어 내는 과정에서 아주 사소한 것이 달라져 원하지 않았던 세포가 만들어질 수 있다는 문제점이 있습니다. 이런 점에서는 오히려 한 가지 세포만 만들어지는 성체 줄기세포가 더 유리합니다.

그런데 배아 줄기세포를 만드는 데 이용하는 수정란은 어디에서 얻을까요? 여성이 임신을 해도 어떤 경우에는 태아가

건강하게 자라지 못하고 유산되는 경우가 있습니다. 그중에서도 8~12주에 유산된 태아에서 줄기세포를 얻을 수 있습니다. 이 경우에는 이미 죽은 태아에서 줄기세포를 얻기 때문에 윤리적인 문제는 없습니다.

하지만 대부분의 경우에는 시험관 아이를 만드는 데 사용하고 남은 수정란을 이용하여 배아 줄기세포를 얻습니다. 시험관 아이란 여러분이 생각하는 것처럼 시험관에서 아이를 키우는 것이 아니랍니다.

결혼한 부부 중에서는 여러 가지 이유로 아이를 갖지 못하는

경우가 있습니다. 이런 경우
를 불임이라고 하지요.

　아이를 갖기 위해서는
아버지의 정자와 어머니
의 난자를 밖으로 꺼내어
시험관 안에 함께 넣어 수정을
시켜 주어야 합니다.

　이런 방법으로 만들어진 수정란이 세포 분열을 잘할 수 있
도록 어머니의 자궁과 같은 환경을 만들어 주어 3~5일간 키
우는데, 이것을 시험관 아이라고 합니다.

　하지만 시험관 아이가 쉽게 만들어지는 것은 아닙니다. 난
자 속에 정자를 넣어 인공적으로 수정란을 만들 수 있는 확률
이 낮기 때문에 성공 확률을 높이기 위해서 어머니의 몸속에
서 여러 개의 난자를 꺼냅니다. 이렇게 만들어진 수정란 중
에서 2~3개의 수정란을 어머니의 자궁에 넣어 줍니다.

　2~3개의 수정란을 넣어 주는 이유는 어머니의 자궁 속에
들어가 임신이 되는 확률이 낮기 때문입니다. 남은 수정란은
−196℃의 액체 질소에 냉동 보관합니다. 만약 임신에 실패
하면 냉동 보관된 수정란을 이용해서 다시 한번 앞의 과정을
반복하게 됩니다.

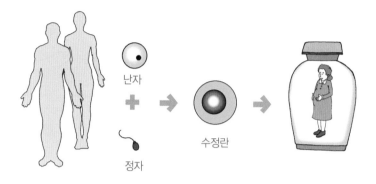

난자

정자

수정란

　그러나 임신에 성공한 경우 냉동 보관된 수정란은 더 이상
쓸 일이 없으므로 몇 년의 시간이 지나면 없애게 됩니다. 과
학자들은 이렇게 없어질 수정란을 줄기세포 연구에 쓰기 위
해 불임 부부에게 냉동 배아를 어떤 목적으로 사용할지에 대
해 설명하고 동의를 받아 이용합니다. 이렇게 배아 줄기세포
는 불임 부부로부터 기증을 받은 냉동 배아를 녹인 다음 여러
가지 처리를 하여 얻습니다.

　사실 배아 줄기세포를 얻을 수 있는 방법은 유산된 태아를
이용하는 방법과 냉동 배아를 이용하는 방법 이외에도 한 가
지가 더 있습니다. 바로 복제 배아를 이용하는 방법입니다.
이 방법은 복제양 돌리를 만드는 방법과 원리가 같습니다.

　사람의 몸에서 체세포를 떼내어 체세포 안의 핵을 뽑아냅
니다. 그리고 시험관 아이를 만들기 위해 뽑아낸 난자에서

핵을 뽑아낸 다음 체세포에서 뽑아낸 핵을 넣어 줍니다.

　냉동 배아는 정자와 난자가 만나 수정이 이루어진 것이지만, 복제 배아는 체세포의 핵을 난자에 넣어 만든 배아입니다. 이 배아에서 배아 줄기세포를 만들어 냅니다. 복제 배아를 이용하면 배아 줄기세포를 대량으로 만들어 낼 수 있지만, 윤리적인 문제로 가장 논란이 되는 방법입니다.

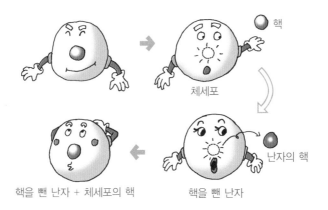

핵을 뺀 난자 + 체세포의 핵　　　핵을 뺀 난자

줄기세포에는 배아 줄기세포와 성체 줄기세포 두 종류가 있다고 하셨는데, 각각 어떤 특징을 가지고 있나요?

두 종류의 줄기세포는 비슷한 것 같으면서도 다른 점이 아주 많아요.

어떻게 다른가요?

성체 줄기세포는 우리 몸의 조직에 아주 적은 양만 존재하고 있어서 10만 개의 골수세포 중 1개 정도만이 줄기세포인 것으로 예상하고 있어요.

나만 줄기세포 라고!

더구나 아직까지 골수세포 중 어떤 것이 줄기세포인지 알 수도 없지요.

성체 줄기세포를 찾는 건 거의 불가능한 것과 마찬가지네요.

어떤 게 줄기세포야?

또 성체 줄기세포를 몸 밖으로 꺼낸다 하더라도 실험실에서 잘 키우기 힘들지요.

과학자들이 어서 줄기세포의 양을 늘리는 방법을 알아내야겠네요.

밖으로 나오니까 살기 힘들어 …

배아 줄기세포는 성체 줄기세포와 어떻게 다른가요?

배아 줄기세포는 몸을 구성하는 모든 종류의 세포를 만들 수 있고, 또 실험실에서 무한정 만들 수 있어요.

줄기세포 배양

혈액 세포　　근육 세포　　신경 세포

하지만 배아 줄기세포는 수정란에서 뽑아낸 것이라 장차 아이로 태어날 생명을 죽게 만든다는 윤리적으로 문제가 있지요.

정말 문제가 될 수 있겠네요.

우리도 아이로 태어 날 수 있는데 …

줄기세포를
만들어 볼까요?

배아 줄기세포와 성체 줄기세포를
만드는 방법을 알아봅시다.

6

여섯 번째 수업

줄기세포를
만들어 볼까요?

톰슨은
고민에 빠져 있는 듯하다가,
곧 여섯 번째 수업을 시작했다.

지난 수업 시간에는 배아 줄기세포와 성체 줄기세포의 특
징에 대해 알아보았습니다. 이번 시간에는 배아 줄기세포와
성체 줄기세포를 만드는 방법에 대해 알아보겠습니다. 여러
분들이 줄기세포 만드는 방법을 이해하기 어려울 것 같아 고
민이 되는군요. 하지만 차근차근 알아봅시다.

배아 줄기세포는 사용 목적에 따라 몇 가지 다른 방법으로
만들 수 있습니다. 하지만 주로 배아를 만드는 과정에서 차
이가 날 뿐 나머지 과정에는 큰 차이가 없습니다.

대표로 내가 실험한 방법인 냉동 배아를 이용해서 배아 줄

기세포 만드는 법을 소개합니다.

　시험관 아이를 얻을 목적으로 만들어졌다가 더 이상 사용하지 않고, 없어질 운명의 냉동 배아를 부부의 동의를 받아 사용하게 됩니다. 먼저 −196℃의 냉동 배아를 37℃로 녹인 다음, 여기에서 내부 세포 덩어리만을 분리해야 합니다. 이때 아주 미세한 작업이 가능한 수술 도구를 이용하여 내부 세포 덩어리만을 잘라 냅니다.

　잘라 낸 내부 세포 덩어리는 여러 조직으로 분화되는 것을 막으면서 계속 세포 분열만 일어나도록 특수한 환경을 만들어 주어야 합니다. 만일 내부 세포 덩어리가 피부나 혈액 같은 특수한 세포로 만들어진다면, 줄기세포로서의 기능을 하지 못하기 때문입니다.

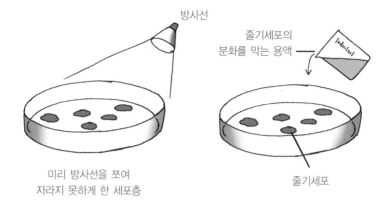

방사선

줄기세포의
분화를 막는 용액

미리 방사선을 쪼여
자라지 못하게 한 세포층

줄기세포

따라서 내부 세포 덩어리를 키울 때에는 내부 세포 덩어리가 잘 자랄 수 있도록 내부 세포 덩어리 밑에 다른 세포층을 깔아 줍니다. 이 세포들은 배아 줄기세포가 잘 자라도록 도와주는 기능만 할 뿐 이 세포층 자체가 자라서는 안 되기 때문에 미리 방사선을 쪼여 세포들이 자라지 못하게 합니다.

여기에 잘라 낸 내부 세포 덩어리들을 집어넣은 다음, 내부 세포 덩어리들이 특정 조직으로 만들어지지 않게 하는 용액을 넣어 줍니다.

이렇게 해서 키우면 줄기세포의 수가 늘어나게 되어 다른 접시에 나누어 옮겨서 키웁니다. 이와 같은 과정을 계속 반복하면 많은 양의 배아 줄기세포를 얻을 수 있습니다.

만들어진 세포들이 모두 줄기세포는 아닙니다. 이 중에서

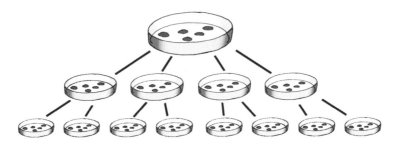

배아 줄기세포만 골라내는 과정을 거쳐야 합니다. 이렇게 뽑아낸 배아 줄기세포 중 당장 사용하지 않을 경우 오랜 시간 보관하기 위해서 다시 액체 질소를 이용하여 냉동을 합니다.

이렇게 냉동 보관된 배아 줄기세포는 필요할 때 다시 녹여 사용할 수 있고, 앞의 방법처럼 하면 계속해서 줄기세포를 만들어 낼 수 있습니다. 만들어진 줄기세포는 필요에 따라 여러 조직으로 분화되어 환자들에게 사용합니다.

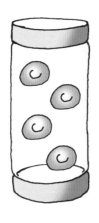

성체 줄기세포는 우리 몸의 간, 피부, 눈, 정소, 이자 등 여러 기관에서 발견됩니다. 이러한 조직에서 줄기세포를 추출하여, 배아 줄기세포를 키우는 방법과 마찬가지로 기른 다음 필요에 따라 혈액 세포, 간세포, 근육 세포 등을 만들어 냅니다.

최근에는 탯줄에 줄기세포가 들어 있다

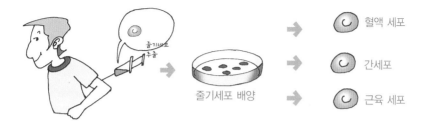

혈액 세포

줄기세포 수출

줄기세포 배양

간세포

근육 세포

는 사실을 알아냈습니다. 탯줄이란 태아가 어머니의 배 속에 있을 때 어머니의 태반과 태아를 연결하는 혈관으로, 아이가 태어난 이후에는 버려졌던 것입니다.

 탯줄이 있었다는 증거가 바로 배에 있는 배꼽이지요. 탯줄 속에 들어 있는 혈액 속에는 아이의 피가 들어 있는데 바로 이 속에 줄기세포가 들어 있습니다. 영국에서 아이가 태어난 후 탯줄 혈액을 냉동 보관하는 탯줄 은행이 처음 생겼는데, 한국에도 최근에 탯줄 은행이 생겼습니다.

 탯줄 혈액을 보관해 두면 후에 아이가 희귀한 질병에 걸렸

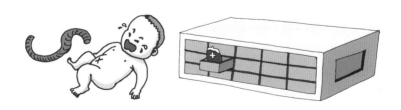

을 때 냉동시켜 두었던 탯줄 혈액에서 줄기세포를 추출하여
질병 치료에 이용할 수 있습니다.

과학자의 비밀노트

탯줄 은행

각종 혈액 질환이나 암 등을 치료하기 위해 골수 이식할 때 쓰이는 탯줄
내 세포를 냉동 보관하는 시설을 가리킨다. 아이를 낳은 후 버리는 탯줄
인 제대에 남아 있는 혈액 내의 세포를 뽑아 실험을 거친 후 영하 196℃
에 냉동 보관한다. 제대혈에는 적혈구, 백혈구, 혈소판 등 혈액 세포를 만
드는 원시세포인 조혈 모세포가 다량 들어 있다.

이 조혈모세포는 골수 이식이 필요한 백혈병, 재생 불량성 빈혈 등 혈액
질환 환자에게 넣어 주어 면역 체계를 되살려 암세포를 효율적으로 퇴치
하는 것으로 밝혀졌다. 이 같은 탯줄의 효능은 1988년 프랑스 생루이 병
원의 그루크만이 의학계에 처음 알렸다. 그루크만은 갓 태어난 아이의 탯
줄에서 얻은 조혈 모세포를 악성 빈혈을 앓고 있던 아이의 다섯 살 된
형제에게 이식해 성공을 거두었다.

한국에서는 1996년 대구광역시 동산병원 소아과 의사인 김흥식 경
북대학교 교수가 재생 불량성 빈혈로 치료받고 있던 여섯 살 남자
아이에게 동생의 탯줄에서 얻은 조혈 모세포를 처음 이식하였다.

만화로 본문 읽기

배아 줄기세포를 만드는 방법에 대해 알고 싶어요.

목적에 따라 몇 가지 다른 방법으로 만들 수 있는데, 내가 실험한 방법인 냉동 배아를 이용해서 배아 줄기세포를 만드는 법을 소개해 줄게요.

먼저 냉동 배아에서 내부 세포 덩어리만 분리, 방사선을 쪼여 세포들이 자라지 못하게 한 후 특정 조직으로 만들어지지 않게 하는 용액을 넣어 키웁니다.

그다음은요?

방사선

줄기세포

줄기세포의 분화를 막는 용액

이렇게 키우면 줄기세포의 수가 늘어나고 그러면 다른 접시에 나누어 옮겨서 키우지요.

그렇군요.

만들어진 세포들이 모두 줄기세포는 아니어서 이 중에 배아 줄기세포만 골라내는 과정을 거쳐야 해요.

어느 것이 줄기세포지?

만들어진 세포들이 모두 줄기세포가 아니었군요.

이렇게 뽑아낸 배아 줄기세포 중에 당장 사용하지 않을 경우는 오랜 시간 보관하기 위해서 다시 액체 질소를 이용해서 냉동을 하지요.

냉동 보관된 배아 줄기세포는 필요할 때 다시 녹여서 사용하겠네요?

네. 이제 만들어진 줄기세포는 필요에 따라 여러 조직으로 분화되어서 환자들에게 사용한답니다.

그렇게 줄기세포를 만드는군요. 이제 알 것 같아요.

줄기세포로 환자를 살릴 수 있어.

줄기세포로 할 수 있는 일은 무엇일까요?

줄기세포를 이용하여
할 수 있는 일에는 어떤 것이 있는지 알아봅시다.

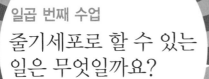

일곱 번째 수업

줄기세포로 할 수 있는
일은 무엇일까요?

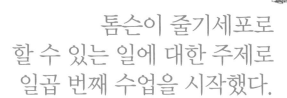

톰슨이 줄기세포로
할 수 있는 일에 대한 주제로
일곱 번째 수업을 시작했다.

　지난 수업 시간에는 줄기세포를 만드는 방법에 대해 알아
보았습니다. 어려운 방법이 사용되어서 여러분이 이해하기
가 힘들 것 같아 걱정되었답니다. 오늘은 줄기세포를 이용하
여 할 수 있는 일에 어떤 것이 있는지 알아볼 것입니다.
　물론 여기서 말하는 것들은 지금 당장 할 수 있는 일은 아
닙니다. 그러나 어떤 일들은 앞으로 5년 내에 가능할 것이라
고 과학자들은 이야기하고 있습니다.

병에 걸린 세포를 건강한 세포로 바꾼다

톰슨 교수는 학생들을 커다란 TV가 있는 교실로 데리고 갔다. 텔레비전을 켜자 영화가 나왔다.

영화의 주인공은 누구인가요?

＿슈퍼맨이오.

네. 아마도 슈퍼맨을 모르는 사람은 없을 것입니다. 누구나 한번쯤은 슈퍼맨 옷을 입고 하늘을 날면서 악당을 물리치는 꿈을 꾸었을 테니까요.

그런데 슈퍼맨 역을 맡았던 배우는 1995년에 큰 사고를 당하고 말았어요. 말을 타던 중 떨어지면서 척추를 다쳐 휠체어를 타게 되었답니다. 척추 속에는 신경 세포가 들어 있어

감각도 느끼고 움직이기도 하는데, 신경 세포를 크게 다쳐 더 이상 감각을 느끼지도 움직이지도 못하게 된 것이지요.

신경 세포는 한 번 손상되면 재생이 되지 않습니다. 따라서 사고를 당해 신경 세포가 손상되면 평생을 움직이지 못하는 상태로 지내야 합니다. 이렇게 예기치 않은 큰 사고를 당해 움직이지 못하는 사람들은 굉장히 많습니다. 줄기세포는 이러한 사람들에게 희망이 될 수 있습니다. 줄기세포로 신경 세포를 만들어 척추에 넣어 주면 다시 건강한 생활을 찾을 수 있습니다.

슈퍼맨 역을 맡았던 배우는 줄기세포를 이용해 병을 치료하겠다는 희망을 버리지 않았습니다. 줄기세포를 이용한 수술 방법이 개발되기를 계속 기다려 왔었는데 결국 심장마비로 죽고 말았지요. 매우 안타까운 일입니다.

이 밖에도 노인성 치매나 알츠하이머병 같은 질병에도 이용할 수 있습니다. 일상생활에서 갑자기 친구 집 전화번호가 생각나지 않는다거나, 약속을 깜박 잊는 경우가 있을 것입니다. 이럴 때는 '건망증이 심하다'고 이야기하지요.

그런데 치매는 건망증과 다릅니다. 아예 사건 자체를 잊어버리거나 기억력에 문제가 있다는 사실 자체를 모릅니다. 알츠하이머병도 노인성 치매의 일종으로, 레이건 전 미국 대통

령이 걸린 질병으로도 유명한데 처음에는 일상생활의 사소한 것을 잊어버리다가, 증상이 심해지면 가족이나 친구도 알아보지 못하고 대소변도 가리지 못합니다.

이런 질병은 뇌의 신경 세포가 파괴되어 생기므로 줄기세포를 이용하여 신경 세포를 만들어 뇌에 넣어 주면 됩니다. 하지만 이미 손상된 신경 세포는 다시 살릴 수 없으니 지난 기억까지 되살릴 수는 없습니다. 그래서 노인성 치매와 알츠하이머병의 경우 치료보다는 예방 목적으로 이용될 것입니다.

이렇게 신경 세포가 손상된 질병 이외에도 심장병이나 간염 등에 걸린 환자들에게 줄기세포를 이용하여 건강한 심장 세포나 간세포를 만들어 이식하여 치료할 수도 있고, 화상

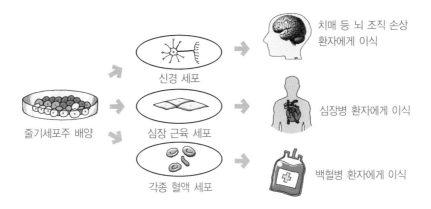

신경 세포 → 치매 등 뇌 조직 손상 환자에게 이식

줄기세포주 배양 → 심장 근육 세포 → 심장병 환자에게 이식

각종 혈액 세포 → 백혈병 환자에게 이식

환자의 경우 피부 세포를 이식함으로써 화상 흉터를 없앨 수도 있습니다.

장기 이식

여러분은 신문이나 방송에서 "아들이 아버지에게 간 이식을 해 주었다." 또는 "신장 이식을 해야 하는데 맞는 신장이 없다."라는 기사를 본 적이 있을 것입니다. 어떤 환자들의 경우 간, 심장, 신장 등의 장기가 완전히 망가져 새로운 장기를 이식해야 합니다.

새로운 장기는 뇌사자에게서 얻거나 장기 기증을 통해 얻을 수 있습니다. 하지만 장기를 기증하는 사람이 적기 때문에 비싼 값에 장기를 사고파는 장기 밀매가 이루어지기도 하는 등 여러 가지 부작용이 있습니다.

또, 장기를 제공할 사람을 찾아도 문제가 있습니다. 우리 몸의 조직은 내 것과 남의 것을 구별할 수 있습니다. 비슷한 조직을 가진 사람의 장기가 내 몸에 들어오는 경우에는 문제가 없지만, 다른 조직을 가진 사람의 장기를 이식받으면 우리 몸은 적으로 판단하고 새로운 장기를 공격합니다. 이것을 조직 거부 반응이라고 합니다.

따라서 대부분의 장기 이식의 경우 부모와 자식 사이나 형제간에 이루어지는 경우가 많지만, 이마저도 항상 괜찮은 것

은 아닙니다.

이런 문제 때문에 과학자들은 사람의 장기와 비슷한 원숭이나 돼지 등을 이용하여 장기를 이식하는 방법을 연구하고 있는데, 이런 경우 역시 조직 거부 반응이 나타나고 동물 장기를 통해 사람에게 세균이 전염될 걱정도 있습니다. 그리고 동물 보호 운동가들은 사람을 살리기 위해 동물을 죽이는 일에 대해 반대합니다.

장기 이식으로 생기는 여러 가지 문제들 역시 줄기세포를 이용해 해결할 수 있습니다. 2가지 줄기세포 중 성체 줄기세포를 이용하는 것이 더 유리합니다. 냉동 배아를 이용해 만든 배아 줄기세포는 전혀 다른 사람의 것이므로 역시 조직 거

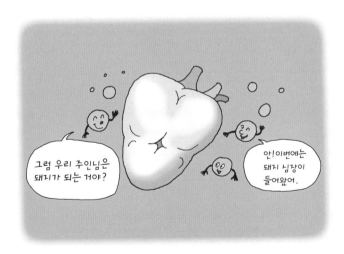

부 반응이 나타납니다. 하지만 성체 줄기세포는 내 몸의 조직에서 뽑아냈기 때문에 조직 거부 반응이 전혀 나타나지 않습니다.

이와 같이 줄기세포는 여러 의학 분야에 사용되기 때문에 '위대한 10대 과학 발견 업적'의 하나로 평가받고 있습니다.

줄기세포의 문제점은 무엇일까요?

줄기세포 연구를 반대하는 사람들이 많습니다.
왜 반대할까요? 줄기세포의 문제점을 알아봅시다.

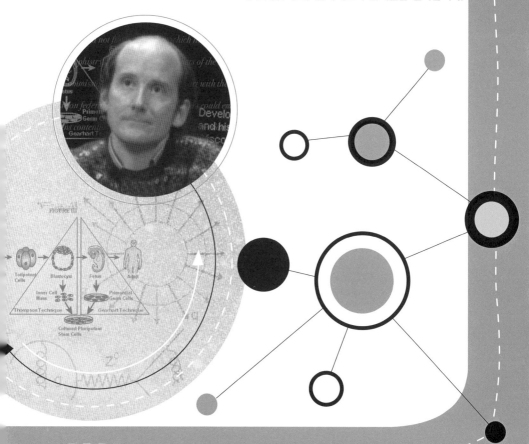

여덟 번째 수업

줄기세포의 문제점은
무엇일까요?

톰슨의 여덟 번째 수업은
줄기세포의 문제와
한계에 관한 내용이었다.

　지난 수업 시간에는 줄기세포를 이용해 어떤 일을 할 수 있는지 알아보았습니다. 줄기세포를 만들어 각 조직으로 만들 수 있는 기술만 발전한다면 앞으로 불치병이나 난치병으로 고생하는 사람들이 없어질 것 같지요?

　하지만 줄기세포를 연구하는 것에 대해 모든 사람들이 찬성하는 것은 아니랍니다. 반대하는 사람들은 어떤 이유 때문에 반대할까요? 여러분도 한번 생각해 보세요.

　　지난 수업 시간에 배웠듯이 배아 줄기세포를 만들기 위해
서는 냉동 배아가 필요합니다. 냉동 배아를 녹여 어머니의
자궁에 넣어 주면 새 생명으로 자랄 수 있습니다. 배아 줄기
세포 만드는 것을 반대하는 사람들은 줄기세포를 만드는 것
이 하나의 생명을 파괴하는 일이기 때문에 연구를 해서는 안
된다고 주장합니다.

　　반대로 배아 줄기세포 만드는 것을 찬성하는 사람들은 어
차피 버려질 냉동 배아를 부모의 동의를 얻어 이용했기 때문
에 문제가 되지 않는다고 이야기합니다. 또, 배아 상태를 생
명으로 보지 않기 때문에 괜찮다는 의견도 있습니다. 배아
줄기세포를 이용하여 수많은 사람을 살릴 수 있는 연구를 하
는 것이 더 의미 있는 일이라고 생각하지요. 여러분은 어떻

게 생각하나요?

　복제 배아를 이용하여 만든 배아 줄기세포는 위에서 말한 문제 외에도 복제 인간을 만들 수 있다는 점 때문에 더 큰 논란이 되고 있습니다. 복제 배아를 이용하여 만든 배아 줄기세포는 내 몸과 똑같은 유전 정보를 가지고 있으므로 냉동 배아를 이용한 배아 줄기세포로 해결할 수 없는 병을 고칠 수 있는 장점이 있지만, 복제 배아를 여성의 몸속에 넣어 주면 나와 같은 복제 인간을 만들 수 있다는 문제 때문에 거센 반대에 부딪히고 있습니다.

　현재 한국에서는 '생명 윤리 기본법'이라는 줄기세포에 관한 법안이 만들어져 있는데, 이 법안에서는 인간 배아를 얻는 방법 중 복제 배아는 완전히 금지하고, 냉동 배아만 허용하고 있습니다. 외국의 사례를 보면 배아 복제를 완전히 금지하는 나라도 있고, 연구 목적으로만 사용할 경우에는 허용하는 나라도 있습니다.

　줄기세포 연구는 성공하기만 한다면 엄청난 이익을 가져다 줄 수 있기 때문에 경제적인 영향도 고려해야 합니다. 한 예로 배아 복제 연구를 금지한 나라의 과학자들은 배아 복제 연구를 허용한 나라로 가서 연구를 계속하고 있습니다.

배아 복제 연구를 허용한 나라들의 경우 줄기세포 개발 기술, 난치병 치료법 등을 통해 엄청난 돈을 벌어들일 수 있습니다.

줄기세포 연구는 이 같은 윤리적인 문제뿐만 아니라 기술적인 문제들도 많습니다. 배아 줄기세포든 성체 줄기세포든 줄기세포를 뽑아내는 방법, 계속 키우는 방법, 줄기세포에서 특정한 세포로 만드는 방법, 줄기세포를 이용해 심장이나 간 같은 장기를 만드는 방법 등이 아직 정확하게 밝혀지지 않았습니다.

이처럼 줄기세포 연구는 연구의 기술적인 문제뿐만 아니라 윤리적 · 정치적 · 경제적 · 사회적인 여러 가지 환경들도 고려해서 진행해야 하기 때문에 더욱 어려운 일이랍니다.

줄기세포 연구를 반대하는 사람들의 주장은 어떤 것인가요?

배아 줄기세포를 만들기 위해서는 냉동 배아가 필요해요.

그런데 냉동 배아는 새 생명으로 자랄 수 있어 줄기세포를 만드는 것이 생명을 파괴하는 일이므로 연구해서는 안 된다고 주장하지요.

반대로 찬성하는 사람들도 있잖아요?

나도 아기로 태어날수있었는데…

찬성하는 사람들은 배아 상태를 생명으로 보지 않기 때문에 괜찮다는 의견과 수많은 사람을 살릴 수 있으므로 더 의미 있는 일이라고 생각하지요.

양측의 의견이 모두 공감되네요.

줄기세포 덕분에 불치병이 다 나았어!

만세~

또한 배아 복제는 인간 복제로 이어질 가능성이 높아서 거센 반대에 부딪히고 있어요.

인간을 똑같이 복제하는 거로군요. 좀 무서운데요.

애가 바로 나의 복제인간 이라고!

그래서 현재 한국에서는 복제 배아는 완전히 금지하고, 냉동 배아만 허용하고 있어요.

휴~, 다행이네요.

이같이 줄기세포 연구는 기술적인 문제뿐 아니라 윤리적, 정치적, 경제적, 사회적인 여러 가지 환경도 고려해서 진행해야 하기 때문에 더욱 어렵지요.

아직도 갈 길이 머네요.

9

복제 인간은
어떻게 **만들어**질까요?

복제 배아를 이용해서 복제 인간을 만들 수 있습니다.
복제 인간을 만드는 방법에 대해 알아봅시다.

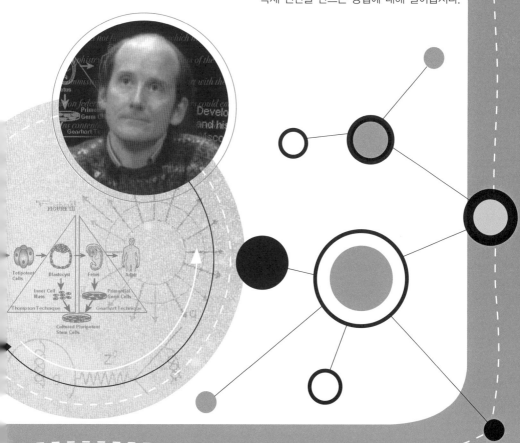

9

톰슨이 진지한 표정으로
아홉 번째 수업을 시작했다.

　지난 수업 시간에는 줄기세포의 문제점에 대해 알아보았습
니다. 과학자는 아직 밝혀지지 않은 새로운 사실을 알아내기
위해 열심히 연구를 합니다. 그러나 어떤 연구 주제는 사람
들의 반대에 부딪히기도 합니다.

　줄기세포 연구의 경우는 방법이 위험하다든가, 윤리적으로
비난받을 일이라든가, 연구하는 데 돈이 너무 많이 든다든가
등 여러 가지 이유로 반대합니다. 하지만 연구를 찬성하는
사람들도 있습니다. 줄기세포 연구는 여러 사람들이 모여 의
논을 한다면 현명한 결정을 내릴 수 있으리라고 생각합니다.

오늘 수업의 주제는 복제 배아를 이용해서 복제 인간을 만드는 방법에 관한 것입니다. 이 연구 또한 찬성하는 사람들과 반대하는 사람들이 서로 격렬하게 논쟁을 벌이는 주제입니다. 오늘 수업에서는 복제 배아를 만드는 방법에 대해서 알아볼 것입니다.

복제 인간이란 말은 여러분도 많이 들어보았을 것입니다. 공상 과학 소설이나 만화, 영화 등에서 많이 다루는 소재이기 때문입니다. 정확하게 복제 인간은 무엇을 말할까요? 복제 인간이란 한 사람과 똑같은 유전 정보를 가지고 있는 사람을 말합니다.

현재 기술로는 아직 복제 인간을 만들 수 없지만, 인공적으로 만들어 낸 것이 아닌 자연적으로 존재하는 복제 인간은 있습니다. 바로 일란성 쌍둥이입니다.

세 번째 수업에서 배웠던 아이가 생기는 과정을 생각해 보세요. 어머니의 난자와 아버지의 정자가 만나 수정된 수정란은 계속 세포 분열을 거쳐 태아로 자랍니다. 수정란이 한 번 세포 분열하여 2세포기가 되었을 때 어떤 이유에선지 세포가 떨어지면서 각각의 세포가 2명의 태아로 자라게 됩니다. 이 경우가 일란성 쌍둥이입니다.

일란성 쌍둥이는 하나의 세포에서 갈라져 만들어졌기 때문에 같은 유전자를 가지고 있습니다. 따라서 똑같은 유전 정보를 가지고 있는 셈이지요. 이렇게 생각해 보면 복제 인간은 시간 차이가 많이 나는 일란성 쌍둥이라고 말할 수 있습니다. 물론 인공적으로 만들어졌다는 점이 일란성 쌍둥이와는 다르지만요.

자, 그러면 복제에 대해 알아볼까요?

톰슨은 학생들에게 1장의 사진을 보여 주었다.

이 양은 전 세계에서 가장 유명한 양입니다. 양의 이름이 무엇인가요?

＿돌리입니다.

돌리가 전 세계적으로 유명해진 이유는 태어난 방법이 일반 양과 달랐기 때문입니다. 돌리는 복제 양입니다. 복제란 완벽하게 똑같은 것을 만들어 내는 기술을 의미합니다.

돌리를 성공적으로 만들어 낸 것은 다른 동물을 복제할 수 있을 뿐만 아니라 심지어 사람까지도 복제할 수 있다는 것을 의미했지요.

하지만 과학자들은 여러 동물을 대상으로 한 복제 실험에서는 성공했지만, 아직까지 인간 복제는 성공하지 못했습니다. 현재 복제 연구는 어디까지 진행되었을까요?

2000년에 미국의 생명 공학 회사인 어드밴스트 셀 테크놀러지(ACT)사가 인간의 복제 배아를 만드는 데 성공했지만, 더 이상 발생 단계가 진행되지 않아 복제 인간을 만들지는 못했습니다.

동물의 복제와 인간의 복제 방법 사이에는 어떤 차이가 있기에 복제 인간을 만들 수 없을까요? 인간 배아 복제 방법의 원리는 돌리를 만드는 방법과 비슷합니다. 여기서는 어드밴스트 셀 테크놀러지사에서 복제 배아를 만드는 데 사용한 방법을 소개합니다.

먼저 난자의 핵을 빼낸 다음 난자에 영양을 공급하는 체세포인 난구 세포에 들어 있는 핵을 빼내어 핵이 없는 난자에 넣습니다. 이 수정란은 체세포를 제공한 사람과 같은 유전자를 갖고 있습니다. 돌리와 마찬가지로 이 수정란을 대리모의 몸속에 넣어 주면 복제 인간이 태어나게 됩니다. 하지만 만들어진 복제 배아는 세포 분열 과정에서 모두 죽어 버렸기 때문에 복제 인간을 만들 수는 없습니다.

라엘리언 무브먼트라는 종교 단체에서 만든 비밀 연구소인 클로네이드에서 2002년에 복제 인간을 만들었다고 주장했으나 과학적인 증거를 제시하지 못했기 때문에 믿을 수는 없습니다.

복제 배아를 이용해 만들 수 있는 것은 복제 배아 줄기세포입니다. 복제 배아 속에 들어 있는 줄기세포만을 뽑아내어 복제 배아 줄기세포를 만들 수 있습니다.

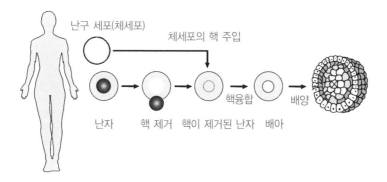

그렇다면 복제 배아 줄기세포를 이용해서 어떤 일을 할 수 있을까요? 복제 배아에서 얻은 줄기세포를 이용해 우리 몸의 여러 세포들을 만들어 낼 수 있습니다. 같은 배아 줄기세포라도 냉동 배아 줄기세포는 이미 만들어진 수정란이어서 나와는 전혀 다른 유전자를 가지고 있습니다. 따라서 냉동 배아 줄기세포에서 만들어진 조직이나 기관은 조직 거부 반응이 나타날 수 있습니다.

그러나 복제 배아 줄기세포의 경우는 내 체세포의 핵을 떼어 만들기 때문에 조직 거부 반응이 나타나지 않습니다. 물론 성체 줄기세포도 조직 거부 반응을 나타내지는 않지만,

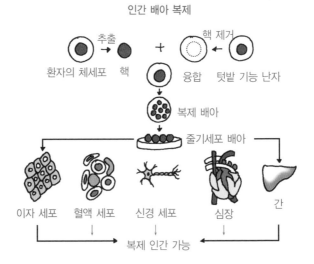

인간 배아 복제

추출 → 환자의 체세포 핵 + 핵 제거 ← 텃밭 기능 난자

융합

복제 배아

줄기세포 배아

이자 세포 혈액 세포 신경 세포 심장 간

복제 인간 가능

성체 줄기세포는 많이 늘릴 수 없는 단점이 있습니다. 따라서 복제 배아 줄기세포는 냉동 배아 줄기세포와 성체 줄기세포의 단점을 보완하여 사용할 수 있습니다.

그렇지만 복제 배아 줄기세포를 만드는 데 문제점도 있습니다.

첫째, 난자를 얻는 방법입니다.

난자는 1개월에 1개씩 여성의 몸에서 나옵니다. 줄기세포 연구를 하기 위해서는 많은 수의 난자가 필요합니다. 따

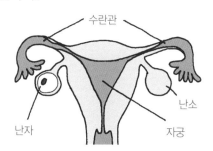

라서 여성의 몸에서 많은 수의 난자를 뽑아내기 위해서 난자가 많이 나오게 해 주는 호르몬을 주사해서 여러 개의 난자가 나오도록 한 다음, 가늘고 긴 바늘로 난자가 나오는 난소를 찔러 난자를 뽑아내야 합니다.

이 경우 난자를 제공하는 여성의 몸에 이상이 생길 수 있습니다. 난자를 뽑은 뒤 복통으로 고생하는 경우도 있고, 여러 달 동안 월경을 하지 않거나 심하면 불임이 되기도 합니다. 이런 문제점 때문에 난자를 얻기 힘이 듭니다.

또, 순수하게 연구를 위해 난자를 기증하는 사람들과 달리

돈을 받고 자신의 난자를 파는 여성도 있을 수 있습니다. 실제 얼마 전에는 돈을 받고 난자를 판 여성들이 경찰에 구속되기도 했습니다.

둘째, 복제 배아에서 줄기세포를 얻을 성공률이 매우 낮다는 점입니다. 이는 첫 번째 문제점과도 관련이 있습니다. 인공적으로 배아를 복제하는 것도 어려운데 여기서 줄기세포를 얻어 내기는 더 힘듭니다. 따라서 줄기세포 연구를 위해서는 더 많은 난자를 필요로 하게 된다는 점에서 문제가 됩니다.

셋째, 가장 걱정되는 일은 바로 줄기세포를 만들기 위한 복제 배아 연구를 악용해 복제 인간을 만들 수도 있다는 것이지요. 물론 지금 복제 인간을 만드는 기술은 개발되지 않았습니다. 또, 복제 배아 줄기세포를 연구하는 대부분의 과학자들은 단지 복제 배아는 줄기세포를 만드는 데에만 사용할 뿐 복제 인간을 만드는 데 사용해서는 안 된다고 생각합니다.

그러나 복제 배아 줄기세포를 연구하다 복제 인간을 만드는 기술까지 알게 된다면 누군가는 복제 인간을 만들려고 할지도 모릅니다. 복제 배아를 연구하는 목적은 불치병에 걸린 환자들을 치료하기 위해서이지 복제 인간을 만들려는 목적은 아닙니다.

복제 인간으로 나타날 수 있는 문제는 아주 많습니다. 예를 들어, 사랑하던 가족이 죽었을 경우 복제 기술을 이용하여 죽은 가족을 살려 내려고 할지도 모릅니다. 또, 내가 좋아하는 유명 연예인을 복제하여 곁에 두고 싶어 할지도 모르지요. 어쩌면 자기 자신을 복제하여 영원히 살고 싶어 하는 사람이 있을지도 모릅니다. 또는 자신의 복제 인간을 만든 다음 아픈 장기를 바꾸는 데 사용하려고 할지도 모릅니다.

실제로 〈아일랜드〉라는 영화에서는 복제 인간을 만드는 기술이 발달한 미래 사회에서 복제 인간들만 모여 살아가는 곳이 있으며, 그 복제 인간들은 원래 주인이 아프거나 사고를 당할 경우 장기를 제공하고 죽게 된다는 내용이 나옵니다. 영화일 뿐이라고 생각하는 사람들도 있겠지만, 실제 그런 일

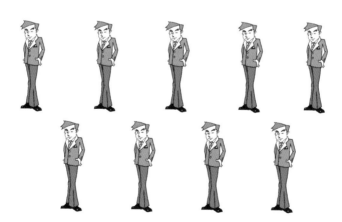

이 없을 것이라고는 아무도 장담할 수 없습니다.

물론 복제가 반드시 나쁜 것은 아닙니다. 예를 들어 생태계 파괴로 멸종 위기에 처해 있는 동물의 경우 복제 기술을 통해 멸종을 막을 수 있습니다. 실제로 시베리아 호랑이, 판다 등의 멸종 위기 동물을 복제 기술을 통해 수를 늘리려는 연구가 진행 중입니다.

이와 같이 복제 기술은 장점과 단점을 모두 가지고 있습니다. 우리는 과학 기술의 발전과 윤리적인 문제를 고려해 어떤 것이 최선인지 판단하는 현명한 자세가 필요합니다.

진짜 똑같다. 꼭 복제 인간 같은데요.

그런데 복제 인간이란 정확하게 어떤 뜻인가요?

복제 인간이란 한 사람과 똑같은 유전 정보를 가지고 있는 사람을 말해요. 현재 기술로는 아직 복제 인간을 만들 수 없어요.

그렇군요.

일란성 쌍둥이는 자연적으로 존재하는 복제 인간이라고 할 수 있어요.

일란성 쌍둥이는 어떻게 생겨나는 건가요?

일란성 쌍둥이는 수정란이 한 번 세포 분열해서 2세포가 되었을 때 세포가 떨어지면서 각각의 세포가 2명의 태아로 자라게 된 경우예요.

난자

정자

일란성 쌍둥아

네.

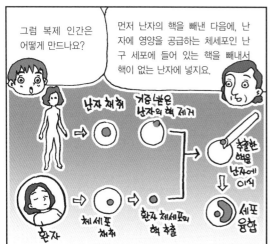

그럼 복제 인간은 어떻게 만드나요?

먼저 난자의 핵을 빼낸 다음에, 난자에 영양을 공급하는 체세포인 난구 세포에 들어 있는 핵을 빼내서 핵이 없는 난자에 넣지요.

난자 채취

거중난은 난자의 핵 제거

추출한 핵을 난자에 이식

체세포 채취

환자 체세포의 핵 추출

세포 융합

환자

그리고 체세포를 제공한 사람과 같은 유전자를 가진 수정란을 대리모의 몸속에 넣어 주면 복제 인간이 태어나게 된답니다.

그런 방법을 사용하는군요.

배아를 자궁에 착상

복제 아이

복제 인간이
왜 문제가 되죠?

복제 인간에 대한 여러 가지 오해를 알아보고,
복제의 기술적·윤리적인 문제를 생각해 봅시다.

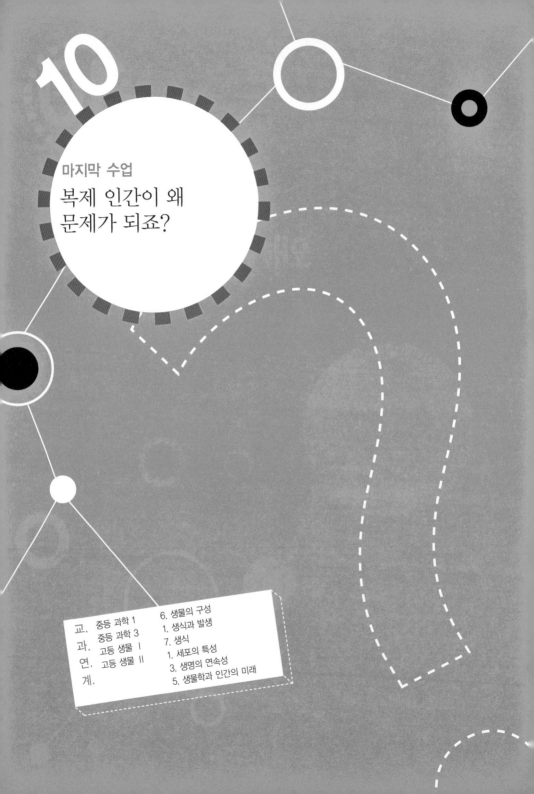

10

마지막 수업

복제 인간이 왜
문제가 되죠?

톰슨이 아쉬워하는 표정으로
마지막 수업을 시작했다.

벌써 마지막 수업 시간이 되었군요. 10일간의 수업이 이렇게 빨리 끝나다니 아쉽습니다. 지난 시간에는 복제 배아를 만드는 방법과 이 기술을 이용해서 복제 인간을 만들 가능성이 있기 때문에 문제가 된다는 이야기를 했습니다. 이번 시간에는 복제 인간에 대한 여러 가지 오해들과 복제 기술의 문제점에 대해 알아보겠습니다.

톰슨은 사진 1장을 학생들에게 보여 주었다. 예쁜 고양이 2마리를 찍은 사진이었다.

레인보우   시시(Cc)

이 고양이들의 생김새는 어떠한가요?

__1마리는 흰색 바탕에 금색 둥근 무늬가 있고, 다른 1마리는 흰색 바탕에 회색 줄무늬가 있어요.

네. 흰색 바탕에 금색 둥근 무늬가 있는 고양이의 이름은 '레인보우(Rain bow)'이고, 흰색 바탕에 회색 줄무늬가 있는 고양이의 이름은 '시시(Cc)'입니다. 사진으로는 알 수 없지만 레인보우는 무척 얌전한 성격인 반면, 시시는 호기심이 많고 장난기도 아주 많답니다.

아마 여러분 중에서는 '갑자기 웬 고양이 이야기?'라고 이상하게 생각하는 사람도 있을 것입니다. 이 고양이들은 아주 유명해요. 시시는 레인보우의 체세포를 복제하여 만든 복제 고양이거든요.

학생들은 모두 그럴 리가 없다며 의심스러워하는 모습이었다. 복제한 고양이가 생김새뿐만 아니라 성격도 다르다는 사실을 믿을 수 없었기 때문이다.

여러분이 이상하게 생각한다는 것을 잘 알고 있습니다. 우리가 배운 대로라면 아래와 같은 결과가 나와야 하니까요. 왜 이런 경우가 생길까요?

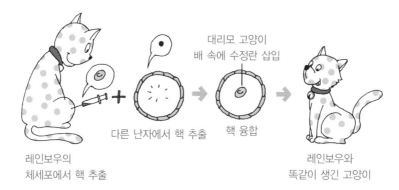

레인보우의
체세포에서 핵 추출

다른 난자에서 핵 추출

핵 융합

대리모 고양이
배 속에 수정란 삽입

레인보우와
똑같이 생긴 고양이

이것은 2가지 이유가 있습니다. 첫째, 두 고양이의 유전자가 100% 같지 않다는 것입니다. 첫 수업 시간에 세포 속에 들어 있는 여러 기관들에 대해 배웠던 내용이 기억나나요? 우리 몸의 모든 정보를 가지고 있는 것은 핵이었습니다. 핵 속에 들어 있는 DNA라는 물질이 유전 정보입니다.
그런데 세포 속에 들어 있는 소기관 중 미토콘드리아에도 아주 조금이지만 DNA가 들어 있습니다. 미토콘드리아는 난자 속에 들어 있지요. 따라서 난자의 핵을 빼내도 미토콘드리아의 DNA는 남아 있게 되는데, 이 DNA는

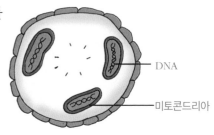

레인보우의 것이 아닌 원래 난자를 제공한 고양이의 것입니다. 다른 고양이의 유전자가 아주 조금이지만 섞여 있어 이런 결과가 나오게 된 것이지요.

둘째, 두 고양이의 성격이 달랐던 까닭은 고양이가 자라는 환경이 다르기 때문입니다. 잘 이해가 가지 않는다면 자연적인 복제인 일란성 쌍둥이를 생각해 봅시다. 지난 시간에 일란성 쌍둥이가 만들어지는 과정에 대해 얘기했었는데 기억하나요?

일란성 쌍둥이는 엄마의 난자와 아빠의 정자가 만나 생긴 수정란이 2개의 세포로 나누어질 때 붙어 있지 않고 완전히 떨어지는 경우에 생깁니다. 이렇게 떨어져 버린 두 세포는 각각 2명의 아이로 태어나는데 이런 경우 일란성 쌍둥이라고 합니다. 두 아이는 모두 똑같은 유전 정보를 가지고 있으므로 태어난 두 아기의 생김새는 똑같습니다.

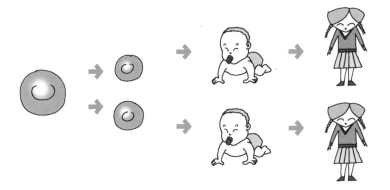

　일란성 쌍둥이를 살펴보면 생김새가 아주 비슷해서 혼동하기 쉽습니다. 그러나 성격까지 같은 것은 아니지요. 또한, 좋아하는 음식이나 학교 성적 등도 다를 수 있습니다. 이것은 유전 정보가 같다 하더라도 자라는 환경이 다르기 때문에 차이가 나는 것이지요.

　이런 점을 생각해 보면 사랑하던 가족이 죽었을 경우 또는 자기 자신의 복제 인간을 만든다는 것은 전혀 쓸모가 없습니다. 예를 들어, 동생이 불의의 사고로 죽게 되어 동생의 유전자를 가진 복제 인간을 만들었다고 합시다. 이 복제 인간은 동생과 똑같이 생겼을지라도 동생이 가지고 있던 기억은 전혀 없습니다. 성격이나 행동 등도 자라는 환경에 따라 다를 수밖에 없습니다. 과연 이 복제 인간을 동생이라고 생각할 수 있을까요?

복제 인간을 만들고 싶어 하는 이유 중 하나가 재능이 많은 유명인을 복제하여 그 재능을 똑같이 발휘할 수 있도록 하는 것입니다. 하지만 우리는 이제 말할 수 있겠지요. 아무리 재능이 있는 사람의 유전자를 복제하여 복제 인간을 만든다 하더라도 그 재능까지 그대로 타고나는 것은 아니라고요.

예를 들어, 자식을 모차르트와 같은 천재 음악가로 키우고 싶은 부모가 여러 가지 방법을 이용해 모차르트의 유전자를 구해 모차르트의 복제 인간을 만들었다고 합시다. 하지만 태어난 아이는 음악에는 전혀 관심이 없고, 컴퓨터 온라인 게임을 좋아합니다. 앞으로의 꿈도 프로게이머가 되는 것입니다. 이런 경우 아이를 피아노 학원, 바이올린 학원 등에 보낸다 하더라도 모차르트와 같은 훌륭한 음악가는 될 수 없을 것입니다.

다행히 아이가 부모의 기대대로 음악가가 된다고 하더라도 여전히 문제는 남아 있습니다. 모차르트의 복제 인간이라고 언론에 밝혀진다면, 항상 신문에 기사가 실리거나 방송국에서 인터뷰 요청이 넘칠지도 모릅니다. 아이는 천재 모차르트와 재능을 비교당하고 끊임없이 사람들이 관심을 갖는 것에

피아노는 지겨워.
게임이 하고 싶어.

큰 부담을 느낄지도 모릅니다.

또한, 아이가 어느 정도 나이가 들어서는 '내가 과연 사람인가?' 하고 고민하게 될지도 모릅니다. 심한 경우 다른 사람들이 아이를 물건 취급할지도 모르지요. 단지 만들어졌다는 이유만으로요.

복제 인간을 만들 수 있는 기술이 발견되면, 아이를 가지려는 사람들은 맞춤 아이를 만들려고 할지도 모릅니다. 이왕이면 똑똑하고 예쁘고 재능도 많은 사람의 유전자를 꺼내어 난자에 넣어 줌으로써 완벽한 아이를 얻으려고 하겠지요. 하지

만 과연 이런 생각이 옳을까요?

인간 복제에는 이 밖에도 여러 가지 기술적인 문제들이 있습니다. 배아를 복제하는 과정도 무척 어렵고 성공 확률도 낮지만, 복제 배아를 여성의 몸속에 넣어 태아로 자라게 하는 과정도 매우 어렵습니다. 우리 몸을 조절하는 유전자들의 종류가 많고, 작용하는 방법도 다양하기 때문에 태아가 자라는 과정에 조금이라도 이상이 있을 경우 정상적인 아이가 태어나지 않을 수도 있습니다.

또, 60세인 사람의 체세포를 이용하여 복제를 한다고 생각해 봅시다. 이 사람의 체세포에 들어 있는 핵 역시 60년의 시간이 지난 것입니다. 이렇게 처음부터 나이가 많은 핵을 이용하여 복제를 한다면 태어날 아이는 실제보다 나이가 많이 든

몸 상태일 것입니다.

　실제로 여섯 살짜리 양의 체세포 핵을 이식하여 만든 돌리도 같은 시기에 태어난 양보다 일찍 죽었습니다. 또, 죽기 전에는 나이가 들면서 생기는 병에 걸려 건강이 나빠졌습니다.

　이와 같이 복제 기술은 아직도 불안정하고, 특히 인간 복제의 경우는 문제가 많습니다. 그리고 복제를 했다고 해서 원래 생물의 특징을 모두 물려받는 것도 아닙니다.

　여러분도 복제 인간을 만드는 것이 과연 옳은 일인지 잘 생각해 보세요.

2020년, **줄기세포** 연구는
얼마나 **발전**할까요?

2020년에는 줄기세포를 이용하여 어떤 일이 가능해질지 알아봅시다.

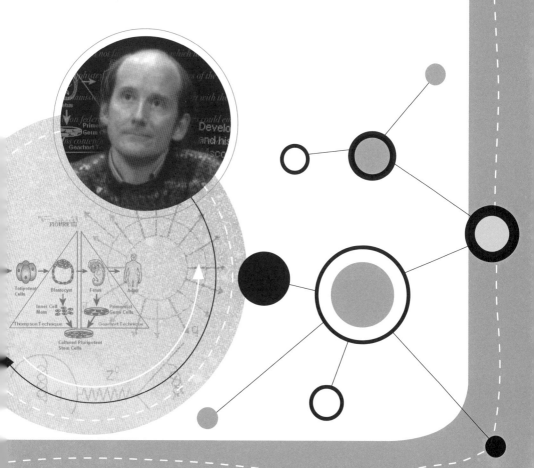

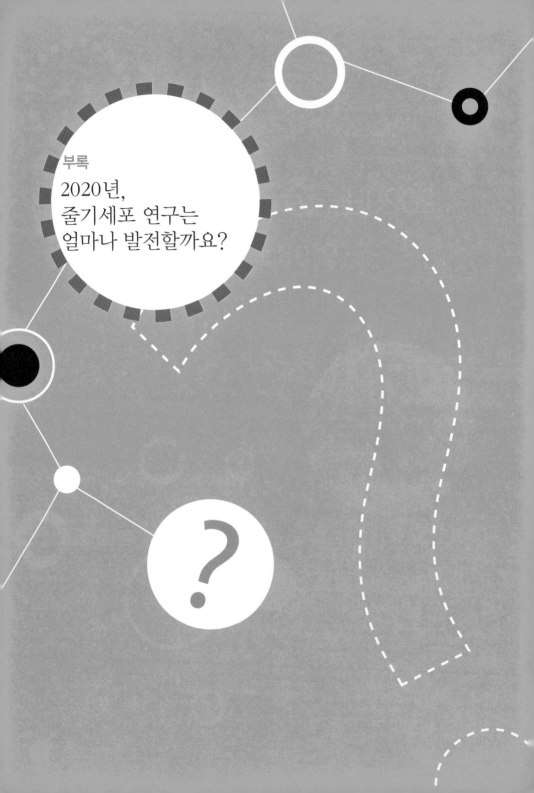

2020년,
줄기세포 연구는
얼마나 발전할까요?

많은 과학자들이
2020년경에는 줄기세포를
실제 생활에 이용할 수 있을 것으로
예상하고 있다.

현재까지 복제 배아 줄기세포 연구는 여성의 체세포 핵을
이용해서 실험한 것입니다. 동물의 경우 수컷의 체세포 핵을
이용해 복제 배아를 만드는 경우도 간혹 있었지만, 대부분의
경우 암컷의 체세포 핵을 이용합니다. 복제 성공률이 낮은
것은 수컷의 체세포와 난자가 서로 다르기 때문인 것으로 생
각합니다. 더구나 사람의 경우에는 남자의 체세포를 이용해
배아 복제를 하고 여기서 줄기세포를 만들어 낸 경우는 아직
없습니다.

따라서 현재 복제 배아에서 얻은 줄기세포는 여성에게만

쓸 수 있습니다. 하지만 남성의 어느 체세포를 사용했을 때 복제 성공률이 높아질지 연구를 계속하면 2020년경에는 남성의 체세포로도 배아 복제를 할 수 있게 될 것입니다. 또한, 현재의 방법으로는 복제 배아에서 줄기세포를 얻어 낼 가능성이 매우 적은데, 이 또한 2020년경에는 대량 생산이 가능해질 것으로 생각합니다.

줄기세포 연구의 획기적인 발전으로 2020년경에는 다음과 같은 일이 가능해집니다.

성체 줄기세포 은행

성체 줄기세포 은행이란 지금의 탯줄 혈액 은행처럼 성체 줄기세포를 보관하는 곳입니다. 한 사람의 성체 줄기세포를 각 장기별로 미리 조금씩 떼어 내 보관해 두었다가 병에 걸리거나 사고를 당하는 등의 상황에서 성체 줄기세포를 찾아 이용하는 것입니다. 곳곳에 성체 줄기세포 은행의 지점이 있어 어느 때나 편리하게 사용할 수 있을 것입니다.

줄기세포 전문 치료 병원

병의 종류에 따라 어떤 병은 치료할 수 있기도 하고, 어떤 병은 치료할 수 없기도 합니다. 위험한 병인 경우 생명이 위독하기도 하지만, 위험한 병이 아닌 경우에도 괴로워하는 사람들이 많습니다.

중년의 아저씨들이 제일 무서워하는 병 중에 하나가 무엇인지 알고 있나요? 바로 탈모입니다. 탈모란 머리카락이 빠지는 것을 말하지요. 증상이 심하지 않은 경우에는 그냥 이마가 조금 넓은 정도이지만, 심한 경우에는 하루하루 남아있는 머리카락의 수를 세며 한탄하기도 합니다. 신문이나 TV에 수많은 대머리 치료제 광고가 나오고 있는데 이미 빠진 머리카락을 다시 나오게 하는 약은 거의 없는 실정입니다.

하지만 줄기세포를 이용하면 대머리를 치료할 수 있습니다. 머리카락 뿌리에 있는 줄기세포를 분리하여 대량으로 배양한 후에 대머리 환자의 머리에 심어 주면 숱이 많은 머리카락을 가질 수 있답니다.

대머리 환자 이외의 다른 환자들에게도 줄기세포는 적용 범위가 넓습니다. 따라서 2020년경에는 줄기세포를 이용해 전문적인 치료를 하는 병원이 등장할 것입니다.

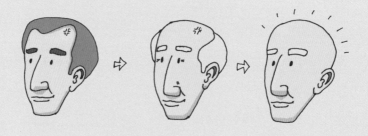

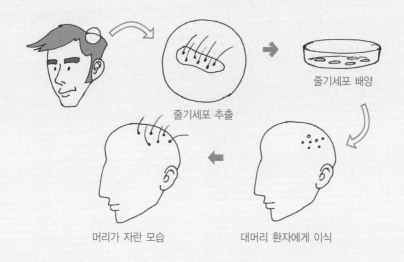

줄기세포 배양

줄기세포 추출

머리가 자란 모습

대머리 환자에게 이식

줄기세포 유전자 치료

이제까지의 줄기세포 치료에는 한 가지 제한점이 있었습니다. 그것은 사고로 다치거나 일반적인 질병 이외에 유전병 환자들은 자신의 줄기세포를 이용해 치료를 하는 것이 불가능했습니다. 왜 그럴까요?

유전병은 우리 몸속의 유전자에 이상이 생겨 걸리는 질병입니다. 이런 경우, 유전병 환자의 체세포 안에는 모두 이상이 있는 유전자가 들어 있다는 의미입니다. 그렇다면 성체 줄기세포를 이용해 치료하거나 복제 배아 줄기세포를 이용해 치료하는 것은 불가능합니다.

현재로서는 치료 방법이 없지만 2020년경에는 유전병 환자의 줄기세포를 뽑아내어 줄기세포 안에 들어 있는 유전자를 치료하여 건강한 줄기세포를 만들 수 있습니다.

어린이 여러분! 미래 한국의 발전된 모습, 기대되지 않나요?

줄기세포를 만든
톰슨 James Alexander Thomson, 1958~

　줄기세포란 생물을 구성하는 세포의 기원이 되는 미분화 세포로 특정한 세포로 분화가 진행되지 않은 채 유지되다가 필요할 경우 신경·혈액·연골 등 몸을 구성하는 모든 종류의 세포로 분화할 가능성이 있는 세포를 말합니다.

　톰슨 박사는 인간 배아에서 배아 줄기세포를 추출하고, 이를 배양 및 증식시킴으로써 다른 세포로 분화되거나 죽지 않고 증식만 계속하는 배아 줄기세포를 얻는 데 성공하여 줄기세포 연구의 새 장을 열었습니다.

　미국 일리노이 주에서 태어난 톰슨은 1981년 일리노이 대학교에서 생물 물리학을 전공했으며, 1988년 분자 생물학 분야에서 〈초기 포유류 발달 과정에서의 유전적 각인〉이라는 논문으로 박사 학위를 받았습니다. 위스콘신 대학교의 공중 보건 교수로 근무했으며, 2007년 캘리포니아 대학교의 분자 세포 발달 생물학 분야의 교수가 되었습니다. 2008년에는 《타임》지가 선정한, '전 세계에서 가장 영향력 있는 100인'에 선정되기도 하였습니다.

1998년 배아 줄기세포를 최초로 배양한 이래 관련 분야의 연구를 계속하고 있는데, 최근에는 미국 정부의 지원을 받아 인간 배아 줄기세포주로부터 혈액 상품을 만들어 낼 목적의 회사를 설립했습니다.

또한 줄기세포를 혈소판으로 바꾸는 방법을 연구하여 수혈이 필요한 환자들에게 충분한 양의 혈액을 공급할 수 있는 방법을 찾고 있다고 합니다.

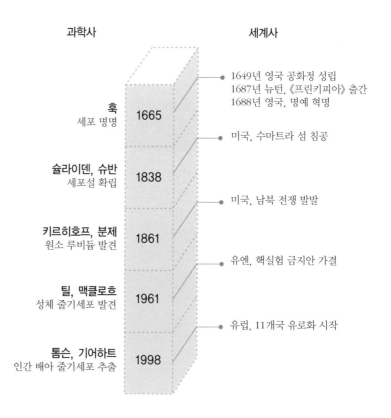

과 학 연 대 표

언제, 무슨 일이?

과학사		세계사

훅
세포 명명

1665

1649년 영국 공화정 성립
1687년 뉴턴,《프린키피아》출간
1688년 영국, 명예 혁명

미국, 수마트라 섬 침공

슐라이덴, 슈반
세포설 확립

1838

미국, 남북 전쟁 발발

키르히호프, 분제
원소 루비듐 발견

1861

유엔, 핵실험 금지안 가결

틸, 맥클로흐
성체 줄기세포 발견

1961

유럽, 11개국 유로화 시작

톰슨, 기어하트
인간 배아 줄기세포 추출

1998

1. 세포 내부의 물질 중 우리 몸의 유전 정보가 들어 있는 것은 □ 입니다.
2. 염색체가 실처럼 풀어져 있는 것을 □□□ 라고 합니다.
3. 우리 몸을 구성하는 모든 세포들을 만들 수 있는 능력을 가진 것을 □ □□□ 라고 합니다.
4. 줄기세포는 만들어지는 곳에 따라 골수, 탯줄 등에서 얻을 수 있는 □ □ 줄기세포와 수정란에서 얻을 수 있는 □□ 줄기세포로 나뉩니다.
5. 줄기세포를 이용하면 우리 몸에 이상이 생겼을 때 새로운 기관을 만들어 □□ □□ 을 할 수 있습니다.
6. 자신의 핵을 이용해 복제 인간을 만들어도 100% 일치하는 복제 인간이 될 수 없는데, 이는 □□□□□□ 의 DNA가 다르기 때문입니다.

10개월 동안 태아는 모체와 탯줄로 연결되어 있습니다. 길이 60cm, 굵기 1.5cm 정도의 탯줄은 태아와 태반을 연결해 줍니다. 탯줄 안에는 동맥과 정맥이 있는데 이를 통해 태아는 모체의 산소와 양분을 받고, 노폐물과 이산화탄소를 내보내는 일을 합니다.

이제까지 아이가 태어날 때 산모의 배 속에서 나온 탯줄과 태반은 소각장에서 태워졌습니다. 이처럼 쓰레기로 여겨졌던 탯줄과 태반으로부터 줄기세포를 얻을 수 있다는 사실이 최근 밝혀져 줄기세포 연구에 도움이 되고 있습니다.

배아 줄기세포 연구의 문제점으로는 배아를 생명체로 볼 것인가 하는 윤리적 문제가 있었습니다. 성체 줄기세포인 조혈 모세포는 골수에만 들어 있기 때문에 혈액 세포 이상 증세를 가진 환자들은 멀쩡한 조혈 모세포를 얻을 수 없는 문제점이 있었습니다.

　그런데 탯줄과 태반 속에 조혈 모세포가 들어 있다는 것이 알려지면서 난치성 혈액 질환자들을 치료할 수 있는 방법이 생기게 된 것입니다. 이외에도 적당한 환경에서 탯줄과 태반에서 얻은 줄기세포를 배양하면 근육 세포나 신경 세포 등 다른 세포로 분화시킬 수 있습니다.

　탯줄에서 혈액을 분리하는 과정은 무균 상태에서 최대한 많은 세포를 추출하기 위해 25가지 이상의 단계를 거칩니다. 탯줄이 자궁에서 분리되어 나오면 탯줄을 자르고 잘 소독한 다음 항응고제(혈액이 굳지 않도록 하는 물질)를 주사하여 탯줄 혈액을 채취합니다.

　탯줄 혈액에는 조혈 모세포, 줄기세포, 혈액 세포, 혈장이 존재하는데 이를 각각 분리한 다음 'DMSO'라는 냉동 보존제를 넣어 세포의 수분이 세포의 다른 부분을 파괴하지 못하도록 한 다음 특수 제작 용기에 넣어 −196℃의 액체 질소 냉동고에 보관합니다. 이것은 탯줄 혈액 은행에 보관했다가 아이와 가족의 질병, 혹은 다른 환자의 질병을 치료하는 목적으로 사용됩니다.